「觀察」觸動「思考」

「思考」建立「認知」

「認知」改變「態度」

「態度」主導「行為」

「行為」產生「結果」

「結果」促動「思考」

「思考」優化「認知」

「認知」堅定「態度」

「態度」強化「行為」

「行為」豐收「結果」……

—杜書伍—

觀念的力度

打造將才基因系列：
破除工作的盲點，釐清困惑，
從思維植入優秀的基因

目錄

第二部 組織行為

第三部 能力提升

第四部 職涯認知

第五部 將才認知

作者序

從「軟體基因」著手

我很喜歡「基因」這個詞。因為「基因」主導影響我們身體的生理。

我也著迷於「觀念」。因為「觀念」就是一個人的「認知」，「認知」改變我們的「態度」，「態度」主導我們的「行為」，而「行為」就產生「結果」。所以「觀念」是我們態度、行為及結果的源頭。

假如我們稱醫學上的「基因」是「硬體基因」，那麼「觀念」就是「軟體基因」，兩者都是從根源上主導影響著我們，都是至為關鍵的。

這也是我一向注重從根源札根，從根源去解決問題，以期獲得一勞永逸的效果。

幾十年來的經營管理，我深深體會到要領導與培育一群人，必須從觀念著手。不管是應該告訴他們什麼正確觀念，來導引他們積極與精準的前進；或者是去察覺他們被什麼觀念所束縛、所誤導而阻礙了成長，這些都是我隨時在觀察與思考的面向。同時，我也長期在探究這些觀念之中是否有更加根源的關鍵點？而這個根源關鍵點的「觀念」，就如同「基因」一般是有「牽一髮動全身」之功效；它會像「宏觀調控」一樣，能產生無遠弗屆的威力。所以，著迷於這樣的探索，也成為我生涯樂趣的一部分。

「三人行，必有我師焉」！「不對的觀念」往往是學習或指導很重要的部分。然而，一般人都偏重「對的」觀念，而忽略或迴避「不對的」觀念，因為點出「不對的」觀念容易被排斥，也容易引起當事者的不悅，所以迴避而只說「對的」是較討好且容易的事。但長期以來，我發現很多人「對的觀念」大致都懂，但就是發揮不出成果來；仔細觀察，就是留存一些「不對的」將他束縛住，以致形成在原地繞圈圈而無法跳脫前進，更甚至將自己拖往負向邊緣化的道路……。

所以，我撰寫這些觀念文章，也漸漸從「在正向主題中輕輕點出不對的觀念」，積極轉到「用負向主題直指不對的觀念」，期能更顯性直白來提點，以達到更好效果。

本書中，有多篇文章是主管或領導者不方便說的觀念，我也是在長考下決心寫下。因為這些議題是普遍或多或少存在組織中，像鬼魅般在干擾著組織的運作，也不知不覺中在感染一些資質不錯的人，將其推向負向思維，殊為可惜！所以，寫下來應該對釐清組織的基本運作認知，會有很大的助益。

我一直深信：知識經驗的分享，是回饋社會最有效益的方式。期望讀者在認同之餘，亦能大力去引用、散播，讓這些觀念能協助更多的人、更多的組織。觀念普及化的提升，就是社會的進步，國家的進步。

（本書版稅全數捐贈聯強基金會）

杜書伍　聯強集團總裁粉絲專頁 www.facebook.com/SYNNEXTU

前言

年齡數字的魔咒

畢業後不論是進入職場，還是繼續念書，都可視為「生涯的重大里程碑」。爾後，即將面對的就是「自作自受的生涯」，也就是你所有的決策判斷的結果，不管是好？是壞？你都得自己承受。

同班同學以相近的成績進入學校，從畢業那一刻起也將同時起跑，開展一場漫長的、馬拉松式的「生涯長跑」。根據過往的經驗，長跑的結果將會是「南轅北轍」甚至「天差地遠」，套用一句流行用語來形容：「人生有無限的可能。」

雖然每個人的職涯歷程將會「南轅北轍」，但人人都要經過相同的年齡歲月，而且年齡數字對於生涯抉擇，像是「魔咒」一般，當下會帶給同齡者相似的心理、生理的影響，而不自覺的做了重大決策，指引到迥異的生涯方向。往往年齡數字到來、時光流逝，恍然驚覺年齡帶來的意涵時，失去的再也喚不回……。

人生中「千金難買早知道」！此時此刻提醒大家了解「年齡數字的魔咒」，對大家應該有幫助！

大學畢業二十來歲，是年齡的第一個魔咒。有些人想「還年輕慢慢來」，有些人要尋找「人生的無限可能」，有些人則是「要玩趁年輕」……；但也有人選定方向、開始埋頭苦幹！一晃過了二十五！心想：還是二十幾，不急著做決定。漸漸到了二十八，有人開始感知三十快到了，而趕快定下心，專注在職涯的道路上；但有的人還沉迷在二字頭，繼續自我洗腦：「人生有無限可能。」

三十到了！這數字對所有人都是震撼，沒有人再敢說「時間還早！」時間開始在心理產生急迫感與壓力，這是年齡的第二個魔咒。對三十之前就已經選定職涯全力投入者來說，職涯已經略具基礎、甚而已是組織的幹部，正要快步向前邁進；有人在此時則是被迫死心，開始注重職涯的選定，但是已然落後。當然還是有人依然陷入迷惘，仍在摸索、嘗試，尋找那「人生的無限可能」。

過了三十五，看著四十就不遠了。有準備的人，職涯已累積了十年的基礎，逐漸獨當一面，正朝中階主管邁進，前景滿懷無限的希望。起步較晚者，有些會因為自知落後，而加緊腳步急起直追；但有些反而陷入惶恐急迫，甚至會病急亂投醫，結果欲速而更不達。但還是有人硬撐著，堅持尋找「人生有無限可能」。

到了四十這個「不惑之年」，卻有一籮筐的人感到「疑惑」。四十是個重要的數字，因為剛好是職涯的一半、生涯的中途；球賽都打完上半場了，賽局結果如何？幾乎每個人在此時此刻，都會回頭思考與自我檢視。

有的人認為自己「懷才不遇」、「有志難伸」；有的人對工作感到乏味無趣，驚覺「我不願意這樣子過一生！」……一堆的不安、疑惑、不滿、沮喪瀰漫心頭，因此也是觸發「中年危機」效應的危險期。因此，四十歲這個年齡魔咒，造成相當比例人的職涯大逆轉，也發生很多家庭的所謂「家道中落」。

在四十這個關鍵數字，微笑、帶著高昂的士氣向前邁進的有之，中年危機而冒險轉換跑道者有之，仍陷於自我催眠、夢想「人生有無限可能」者有之。但是大家都不可避免開始面對生理特徵的轉變——「老花眼」。

年齡走到四十五、五十，時間好像愈走愈快，也是人生際遇的掙扎、翻滾與定調的關鍵時期。面對「半百」的逼近，有些人早已蓄勢待發，努力躋身高階主管的層級；有些人則是漸漸有「知天命」的「認命」；有些人甚至已暴露在「結構性失業」的危險中。

年屆「半百」的這個年齡魔咒，「人生有無限可能」的聲音已經愈來愈少；取而代之的，是以各種的內在原因、表面說法，高喊要去尋找、開創「人生的第二春」。

五十過了！有人順利接班主導企業經營，滿懷壯志迎接開展無限的未來；有的人則認為工作也將近三十年，總算看到六字頭的「職涯終點線」，「退休」的字眼逐漸浮上心頭，漸漸形成「待退心態」，不思積極學習改變，只求不犯錯而能「安全下莊」。但是環境的變化實在太大、太快，用既有過時的能耐想要撐到退休是很困難的，因而反倒會不預期的、被提早請出職場。

最後，終於盼到六十的職涯終點線，你卻赫然發現，這超長的職涯馬拉松賽跑的終點線，卻是會往後移動！這都得怪醫學太進步、壽命太長，退休年金無法支應，法定退休年齡只好往後移。這時你才會真正了解、體悟到，什麼是真正的「人生有無限的可能」！

以上的描述，一則是我走過職涯四十年的經驗與觀察，一則是經營管理中看到現階段各年齡層的心理生態，提供給各位參考。簡言之，職涯的上半場決定下半場，第一局影響第二局，第二局影響第三局、第四局。雖然可能敗部復活、反敗為勝，但是基於機率，最好還是儘早做足準備，不要走到那種情境；期望大家一路走去，能產生「早知道」的效應。

未來的世界，沒有人可以預知它的變化，但變化一定是比過去要來得快、來得大，「M化」效應必然會更加明顯！來得快去得也快會是常態，一不小心就會從高峰瞬間跌到谷底。所以，儘早開始累積扎實的實力，才是應變之道。

（本文為二〇一三年在交通大學畢業典禮演講的內容）

第一部

組織與制度認知

對投入職場前五年的新鮮人而言，從學校進入到一個不同的體系，在面對企業組織的結構和制度，了解職場的本質、企業營運的常規模式、形塑職場認知，是重要的。儘早建立正確的態度和認知，可減少探索與誤解，讓初邁入的職涯能夠步履穩健。

1
企業組織的本質，就是由上而下的決策執行體系

企業組織的設立，有其設定的營運目的，並聘請專業經理人來擔任主導的角色。執行長憑藉專業經驗及豐富的營運能力，定位企業角色與營運策略，規畫組織分工、訂定制度政策、招聘人員等，組織就在秉持執行長的決策下，由上而下、貫徹執行。所以，它的本質是精英決斷、層層依循執行，而非由下而上的「民主」體系。

在決策的過程中，為達精準周延，廣泛收集資訊與徵詢各方看法，尤其是最前端的資訊，是常用且必要的手法。當資訊收集完成，主管就須依其經驗及判斷，「獨自」做出最終決策；而部屬就必須依循決策，落實執行。

為何強調「獨自」決策？因為企業組織的設計本質是專業精英決策，並授與他權力去指揮運用各項人力、物力、資金資源，最後概括承受所有的結果。假使資源不足、人力素質不佳，或部屬不聽從政策去執行，他便有權去撤換、調整，一切以負起全責達成目標為依歸（全責精神）。

當然，在推動執行的過程，為讓部屬充分理解以提高政策落實執行的效果，充分的說明、討論、執行意見反饋等，是常見也是必須的做法。尤其為鼓勵意見的表達，放低主管角色，以接近平行的身分去傾聽發言，都是主管該用的方法。

以上企業營運的常規模式是大家熟悉的情境。但其中很重要的原則，則是主管是在徵詢意見，不必然部屬表達的意見就必須接受；即使部屬有不同的意見，除非主管認可接受而改變決策，部屬還是必須遵守指示去執行。

而當主管接納了部屬或他人的意見，他便要為決策負全責。因為這是「因認同別人的意見，接納而轉換成自己的意見，並做成決策」，如事後發現是錯誤的，也是主管自己要負責，不能因是別人的意見而推卸責任。反之，意見提供者也無須對錯誤意見負責。

主管的全責精神，是企業組織設計的重要精髓。

不過，在企業運作為求決策品質及執行成效，而展現對部屬意見的重視，因而呈現出「類民主」的氛圍，也易引發有些不成熟、不明組織本質的人，產生誤解或自我膨脹，本末倒置的認為意見表達了主管就必須接受，否則就是主管不對。或是執行過程中如主管不接受意見，他就可以拒絕執行等錯誤思維及行為。

對於這類不成熟、自我放大及為所欲為的人，很多主管為維持鼓勵意見表達、收集實務執行的意見回饋，以便精修執行細則提高效益，往往會隱忍而不當眾指正；他卻反而得寸進尺，更加的展現出「明指主管不對在前、抗拒接受執行有理」的口氣與態度。

組織最忌諱就是「傳染擴散」。主管對這類行為的姑息，應適可而止，在相當的隱忍期後，應個別做理性溝通，修正其錯誤認知及不當行為。才能使得組織在理性具建設性的基礎上，發揮最大的群體力量。

—導引思考—

1. 讀完本文，你是否曾認為職場是「民主」場域，而對於主管與自己相左的決斷而感到不受重視？再重新思考當時的情境，自己是否有不同想法？

2. 你是否思考過，「全責精神」在企業組織的意義？身為部屬或是未來有志擔任主管的自己，該如何看待並實踐此精神？

3. 企業組織的本質，是由上而下的決策執行體系，但也要發揮最大的群體力量，身為職員的自己，該如何在其中發揮自己的力量？

4. 身為主管，當部屬對政策制度如有不認同，該如何正確因應？

2
組織功能的「加減乘除」

組織是為達成某項的任務而存在。所以組織內的功能分工及功能定位的大小，都是考慮需要性、成本性、效率性的原則，並在客戶可接受及願支付的價格下，最終整合成企業的競爭力。這也決定了企業最終能否獲利及生存。

外在市場經濟不斷在變：客戶在變，廠家（供應商）在變，競爭對手在變。所以，企業當然也要變，才能維持競爭的能耐，否則就會被淘汰。

變，有洞察先機，而提早改變者。這便能在對手來不及改變前，趁勢擴大市場份額。

變，有後知後覺，而落後改變者。環境一變就會措手不及，難敵對手的攻擊，最終兵敗如山倒。

當然，不知不覺完全來不及改變者，就只好被淘汰，再難翻身。

改變，就是組織的重分工，以及各功能單位的重新定位，也就是針對組織功能的「加減乘除」：有些部門要擴編（乘），有些部門要縮小（除），有些新的部門要新設立（加），有些部門要裁撤（減）。

環境不斷在變，企業需要積極改變。所以組織就要不斷的檢討，並做適當的「加減乘除」，才能與時俱進。

—導引思考—

1. 能否連結出自己或周遭人事物的例子，說明下列三種情況：（A）變，有洞察先機，而提早改變者；（B）變，有後知後覺，而落後改變者；（C）不知不覺完全來不及改變者。觀察看看，為何會有這三種不同的情況發生？

2. 你是否曾經思考「變」到底是什麼？是自己的能力改變？還是大環境下的變動？或是主管突然交付的轉變？

3. 變是一種常態，自己該如何在不斷改變的情況下持續提升、抓住機會？

3
是政策錯誤？還是執行錯誤？

當一個政策推動執行成效不彰，甚至是得到更差的結果時，很多人就會說：「這個政策有問題」、「這個政策不可行」！

但是依照經驗，大多數政策推動不彰，源頭都在於執行有問題，而「問題」則經常出在下列狀況：

一、政策的推動執行，必然要有細部的推動計畫；沒有規畫好，是問題的第一步。但是，再好的規畫也不可能得以完全契合實際狀況，必須邊推動邊修正。

二、政策推動需要宣導，有的是宣導的表達不夠清楚，也有的是聽者不用心接收，但無論如何都需要在推動初期，高頻度收集回饋意見，且一旦發現有任何疑惑，需即時消除誤解，並且做局部的修正以能更加契合實務。否則在推動階段就會形成不滿、反對、不信任的聲浪，不但造成推動的阻礙，就此無疾而終；或者被迫一再修正到甚至脫離本意，而無法達到原有效果。

三、何況，任何政策推動都會影響某些既得利益者及不喜歡改變的人。這些人會用扭曲的解讀及小部分的不利事證，試圖推翻整個政策。這往往是執行時更需特別留意之處。

政策的推動本來就是一個推向充分理解、認知、體會與信任的過程，其間，各種質疑、誤解、謠言、反對、抵制，是常見的現象，這是政策制定與推動者需充分認知之處。

—導引思考—

1. 當你碰到執行效果不如預期的情況時，通常你會如何找出狀況所在？
2. 為何有些政策推動順暢，有些則相反？政策推動執行的困難點為何？
3. 當執行效果出現反對聲浪時，該怎麼做？建議搭配下一篇文章〈推動事務，沒有雜音才怪〉一起思考。

4
推動事務，沒有雜音才怪

一個組織必須不斷的改善提升，才能跟得上外在環境的改變、同業對手的競爭、上游供應商的變化、下游客戶的需求……，所以，不斷因應環境變化推動新事物，是組織生存的必要條件。

然而，組織中不同人有不同看法，認知的差距是必然存在的；再加上人會有安逸、惰性、私利等等人性的弱點，所以，任何新的改善做法，即使做了充分的說明與溝通，還是會有人不贊同。

事實上，所有新事物必然有其正向效益，也絕對會有負面影響；不過長遠而言絕對是正向效益遠大於負面影響，否則不會笨到去推動。

一般而言，推動任何事物的過程中，雖然贊同與反對的聲音皆有，但不贊同的聲音必然會特別大！因為贊同的人不會出聲，但是反對的人會利用各種方式，直接、間接的表達反對，或是假借「很多人都反對」的說法來「加重表達」，擴大渲染負面的影響，甚至散播恐慌預期。結果便容易造成主管的誤判，導致猶豫而不敢積極推動。

因此，做為主管除了平時就得建立信任的部門文化外，也必須認知：任何事物的推動即使是再好的事物，有二〇%的人反對都很正常；企求大家都贊成，那是不切實際、沒有經驗的主管的迷思。

所以，雜音是必然存在，這就是主管的擔當。

—導引思考—

1. 你曾經在推動事物時遇到雜音嗎？當時你怎麼處理？
2. 人在群體之中，很容易因為許多雜音，而動搖了內心原本的想法。自己該如何在反對聲浪中，穩住陣腳？
3. 每當組織推出新政，是否發聲的都是反對的人居多？觀察反對的人，大多是否有提出具建設性的看法，或多是被渲染而附和的？我們該以何種心態看待這些聲音？
4. 政策推動後，主管該如何收集回饋意見，正確了解執行成效，避免因少數反對者的擴大渲染而誤判？
5. 當組織必然存在少數本能叛逆，總因反對而反對的人，主管平時應如何建立信任組織文化，減少會被雜音煽動而恐慌的人？

5
習慣「從組織的角度看事情」，才會客觀

很多人一聽到要習慣「從組織的角度看事情」，就會反射性的認為：「你們當領導的，當然站在你們的立場認為如此。」

大家想想，我指的組織不是單指企業，它包含各種型態、各種類型的組織，從家庭、同學會，到政府、企業、公益組織等等，甚至包含無形的組織。

譬如，不管走路或開車，每個人只要走到馬路上，就形同加入一個無形的組織叫「用路人組織」。當一大群人要使用馬路，為了避免互相干擾、相撞，就必須訂定交通規則；交通規則就是依據「用路人組織」的角度，思考如何讓所有用路人都能在有秩序的情況下，順暢且有效的使用馬路。若是每個人都只依自己最方便的角度，那規則訂出來就是「只要我所到之處，一律是綠燈」，結果只有交通癱瘓一途了。

從組織的角度看事情，就是會考慮組織設立的目的，思考如何做才能達到組織的目的，並兼顧考量所有參與者的最大利益，從中拿捏出最適方式；若非如此，人就會選擇離開不再參與，組織的目標自然無法達成。

所以，從組織的角度思考所獲致的觀念、知識、做法，才會是正確的。這種考慮各面向的思維，就是「客觀」。

反之，若是從個人方便、自利的角度看事情，必然帶來他人的不便、不利；每個人都自私自利，那這組織就無法運作，達不到設立目的，那麼，最終這個組織只有解散一途。

實務上，習慣用個人角度看事情的人，因為自私自利的觀念與做法根深柢固，將漸漸不見容於組織，早晚是會被逐出組織；並且，必然會一再的被逐出各式各樣的組織。

而習慣「從組織的角度看事情」的人，因為習慣思考組織目標，長期下來累積的觀念認知，對組織內部如何分工、事物對錯的判斷，就會愈趨精準，因而思考提出的解決方案就會可行，而逐漸在組織中贏得信任與支持。因此，客觀的人，能看清事物，見解也易正確及被接受，自然就成眾人所信服的領導者。

—導引思考—

1. 組織包含各種型態，從食、衣、住、行到育樂，嘗試從組織的角度看事情，會有什麼不同？
2. 如此，對你的人際關係、組織的信賴度、對事物的判斷，會有什麼改變？
3. 有人說，若太隱藏自己的意識，就會被組織所忽略，這是有道理的嗎？
4. 每件事都以自己角度思考，不考慮組織，是否就能讓自己得到利益？

6 沒有「出勤紀律」，就是沒有「組織意識」

很多人會說：「我經常加班，上班遲到有什麼關係？」有主管說：「只要把績效做出來，管出勤是沒有必要的！」直觀上非常有道理，但是成立的條件是每個人都能非常自律！只可惜這不是個「理想的完美世界」。

因為整個組織不是只有你一個人！是否每個人都這樣自律？相信每人都知道「不是每人都這樣！」所以，有些人就會躲在這個理想的論述下，遲到早退；久而久之更肆無忌憚，隨興的要來才來、要走就走……。

人性是好逸惡勞，誰敢說自己不是如此？更何況人會隨時間與環境而改變認知、改變行為！說這話的人，都不會隨時間而改變嗎？或是多多少少也已經用這個「理想的論述」，掩飾了一些不適宜的事務？

組織不能沒有紀律，不然就不成組織，而是各行其是的烏合之眾。

而出勤紀律是組織最基本的紀律規範！

而且組織規範是中性的，它不會因為某人「自律」或「不自律」而有所不同。因為從沒人自認自己「不自律」，主管也很難去判定誰自律、誰不自律，所以所有人員一律須遵守規範，這就是「組織規範中性化」的道理。

有前述說法的人，在認知上只有自己存在，而沒有認知到公司是一群人所組織而成，一群數量甚至龐大到數千個人的組織。因此，只有「個人意識」而沒有「組織意識」的人，只思考自己，而沒想到別人的不守紀律，將導致自己及其他更廣泛的面向，會連帶受到影響、受到傷害……。這也就是提示大家要習慣「從組織的角度看事情」，這樣對很多事務才能完整理解、才能客觀。

而身為主管者會有這樣的想法，就是他只看到目前他管的三、五個人或許都很自律，但這些人會不會替換？替換的人就一定會自律？時間久了這些人會不會改變……？其實這些主管都沒有去思考，假如有思考那就不敢那麼肯定！（假如有思考過還認為沒有問題，那就是膚淺天真的主管！或是「五日京兆」不理後果的違心主管……）

更何況以後管五十個、五百個人時，每個人都會自律？那是非常不可能的事！所以這種主管不但沒有「組織意識」，而且是狹隘短視，格局不大，成不了大器！

紀律沒那麼難，只是一種認知、一種習慣、一種專業！尤其在一個愈龐大的組織，就需要有愈多的規範，需要大家共同來遵守。而「出勤紀律」就是最基本的紀律！倘使出勤沒有紀律，其他事物也不會有紀律，那他也不會是個具專業能力的人。

—導引思考—

1. 若過於強調個人意識而忽略了組織意識，會有什麼影響？
2. 請舉一個事件，用組織的角度和個人的角度來看這件事情，有什麼樣的不同？
3. 看完此篇文章，你覺得專業和紀律的連結為何？
4. 觀察組織中反對出勤紀律的人，是否在其他事物上有出現自律性或「雙重標準」問題？
5. 將自己覺得形式化、不重要的紀律，試著以組織角度思考，是否有不一樣的觀點？

7

不合理的制度，但對我有利，就會變成對的制度？

時空在變，人的智慧能力在提升。過往的制度可能在當時就不合理，只是以當時的環境不得不然；或是以當時知識經驗，也只能想到如此。到今日回頭看，知道它存在很多的不合理，也造成很多的後遺症，因此必須要改變。

但是一旦想要改變，就有很多反對的聲音，也會出現許多冠冕堂皇的反對理由。不對的事，為何會產生這麼多的「合理化」的理由？

基本上，很多人有很強的「求生本能」。他不管在當時是知道它不合理，或不知道它不合理，但既然制度在那裡，本能便會驅使他去「依附」制度，也就是「上有政策、下有對策」；或是說，從制度的縫隙中去「鑽營」，建立起一套方法來謀利，而成為既得利益者。

長久享有利益，也習慣性的養成那種行為模式，自然而然身處其中的一幫人互相感染，互相激盪，而形成很多似是而非的說法；更甚者還會互相催眠，以致深信那些「合理化」的論述。因此，便可以大言不慚的反對改革。

當然，這些人在過去的時空裡，他是依據那種制度下謀利的需要，來發展他的能力。因此，一旦制度改變，他面對新局勢的能力要件是弱的，利益是少的。所以必然抗拒改變，也要強烈反對改變。

所有的事物有其客觀的是非標準，而且會與時俱進；它是一種漸進式的演化，也是我們必須亦步亦趨的去觀察學習。一直停留、死守在對自己有利的觀點，並無法改變客觀時勢的事實；一味的反對、抵抗，只是在浪費時間，並延緩新能力的培養。

而且，愈抵抗愈凸顯能力的不足，以及人格修養的層次。

—導引思考—

1. 你周遭存在發生不合理的做法或現象卻長期持續存在，並且看到有些人員會用「合理化」的理由來弭平的嗎？觀察他們的心態是什麼？是某方面的既得利益者，還是僅是心理上害怕或抗拒改變？
2. 承上，這類人最終仍能死守住這樣的利益嗎？
3. 審視組織裡的制度，有哪些是已經偏移當初訂定的目的，反讓一些人從中得到利益？觀察管理階層是如何處理這類事務？自己從中的體悟為何？

8

觀念、政策要徹底理解，才能真正做出「認同」與否的判斷

每個觀念、政策、理念，背後都有其精神、道理。我們不管在生活上或工作上，都會有很多不同型態的這類事理存在；這是企業、行業、社會，經由經驗累積而淬鍊出來的結晶，也是推動進步提升的主要軸線。

雖然這些觀念、政策不一定百分百正確，也會有些爭論；但是如果不先「接受」就反射性的排斥，就不會投入時間去理解，形成真正的「認知」，也不會經由實務的體會，而正確判斷是否「認同」。更不可能形成「因認同而持續投入」，而產生有效益有收穫的結果。

在實務上，我們會看到有些人因本能叛逆，而習慣性排斥反對。也有因不願改變，或是因為影響其既得利益；在沒有深入理解下，以「不認同」當藉口，來反對新觀念、新政策。

假如有深入理解體會而「不認同」，就會說出非常清晰且很具說服力的「不認同的道理」，而形成「建設性的討論」。而不是簡單的一句「不認同」，或者在內心上以「不認同」做為「不作為、做不好的理由」來自我開脫。

新的事物，假如能經由「接受、理解、認知、體會、認同、執行、產生結果、享受結果」等過程，才是促成進步提升的步驟。當然，也會因理解體會後確定「不認同」而排拒，這就是真正理性的「判斷與選擇」。

每個人面對各種觀念、政策、制度，進入「接受、理解、認知、體會、認同、執行、產生結果、享受結果」這樣過程的比例，以及經歷這樣過程的品質，有極大的差異。而這也是長期下來產生人的差異、能力差異、職位差異、成就差異、薪酬差異……的關鍵因素。

天下沒有白吃的午餐！怎麼耕耘怎麼收穫。不辨內涵而反射性不認同，影響的只是個人；而好的觀念、政策依然協助那些肯認真理解的人，不斷提升進步。

─導引思考─

1. 每個人都會因為反射性的排斥，而錯失了獲得豐碩果實的機會。你曾因為排斥而錯失了更深入認同和投入的機會嗎？是否有經過真正理性的「判斷與選擇」？

2. 什麼是真正的理性判斷與選擇？請試著用身邊或報章雜誌的事物舉例。

3. 文章中提到新的事物，若能經由「接受、理解、認知、體會、認同、執行、產生結果、享受結果」等過程，則可促成進步提升。可否試著用上述的過程觀察自己面對新事物、觀念或制度的轉變及思考？

4. 對觀念政策要判斷是否認同，跟食物一樣，須品嚐了才知道味道是否美好。回想過去是否有反射性拒絕的事物，真正的心理因素是什麼？

5. 為何同樣一個觀念或制度政策，每個人執行後的收穫不同？是「接受、理解、認知、體會、認同、執行、產生結果、享受結果」的過程中有哪些差異？

6. 當自己對觀念政策理解體會後，提出不認同卻不被採納，是回到接受再重新體會、或勉強自己往下執行產生結果、或拒絕接受且退出？

第二部

組織行為

組織是由人所組成，在組織中，有許多人格特質會造成整個組織被不正確訊息干擾，甚至導致同仁的誤解、誤判事物，影響組織的氛圍與運作成效，個人更無法有好的判斷力及工作績效。這些人格特質有哪些？該如何檢視自己並避免被誤導？

9 自己笨，以為主管跟他一樣笨

我們經常會聽到有些人，對主管裁示某些制度辦法或做法，跟自己的看法見解不同，從而私下抱怨主管、抱怨公司。但他又不習慣去詢問主管，深入去理解主管決斷背後的考量；只是用自己的揣測去單向解讀，而得到不能認同甚至相當不滿的結論。

一個人去揣測主管的思維，其實很不容易；假如可行，那你就是他（主管）了。

雖然主管不是完人，決策判斷未必百分之百正確；但主管的經驗歷練、能力高度及資訊充分度，都要比你來的高。當你去揣測主管時，只能用自己既有的經驗歷練、認知及自己有限的資訊去判斷；但你是否想過，主管有而你沒有的經驗、能力或資訊，或許就是考量判斷的關鍵。

所以，當我們抱怨主管或公司的時候，不管口頭或內心覺得主管很笨，怎麼會做出這樣的裁量時，或許真正笨的是你自己！因為你認為

「很笨」的考量判斷，並不是主管真實的考量判斷點，而是「你自認為的考量判斷」，也就是你自己認知的投射。

心存虛懷是很重要的！當你遇到與你的認知、判斷有差異時，應積極去追根究柢，尋找原因，從發掘理解的過程中擴大自己的認知、提升自己的高度、強化自己的能耐與判斷準度。而不要太自滿的以自己「有局限的」經驗與能耐，鐵口直斷。

所以，遇到不理解處積極請教主管，是學習解惑的標準動作。

然而，有時候主管的決策考量因素，當下不便完全告訴部屬。但是只要心存虛懷，暫時相信主管有其考量，依然投入從做中學，才不會影響學習歷練的機會；有朝一日，也會隨著自己經歷與能力的提升，逐漸解惑而豁然開朗。

導引思考

1. 當遇到不理解主管的決斷時，你會怎麼做？請教主管還是私下抱怨？
2. 若只用自己目前擁有的經驗和有限的資訊去判斷，很容易造成誤判。該如何避免誤判的情況？
3. 隨著自己的經歷與能力的提升，有朝一日疑惑會豁然開朗。試著觀察主管的決斷，並虛心請教。

10 好好先生，不會好好做事

好好先生，是大家都喜歡的人。態度和氣，與人為善，任何事情都ＯＫ、都可以！從不與人爭論……，所以大家都喜歡他。

但是，回過來想！你是好好先生嗎？為什麼不是？你做不到，還是你不願意？我想你應該可以漸漸浮現一個所謂的「好好先生」的人格特質、價值觀以及行事風格。

好好先生，不願得罪人，對任何人、事、物，最好都不要有任何的不愉快。他對所有事情都保持距離，維持表面、虛假的客氣與和諧，不參與，不關心，當然也不願承擔責任。

所以，好好先生其實是自私自利、以自我為中心的人。個性畏縮、膽小怕事，以表面和善來掩飾內心的自私與畏縮。這樣的人，不願去嘗試歷練，能力自然不會成長，能力是有限的。

而且，好好先生做事情會閃躲，累積了多種的閃躲技巧，閃功一流。仔細觀察，會發現他從不獨力去面對、執行事物，而想方設法利用同事的好感與協作精神，提議「共同處理」。共同處理的過程中，他或許會站在前面，然而一旦出現需要爭辯、協調甚至要求他人之處，他就不說話躲到後面。等事情處理完畢，他又神不知鬼不覺、笑臉迎人的站回前面。用這種方式處事，往往大家會誤以為事情是他處理解決掉的……。

假若他無法找擋箭牌，他就會找很多的理由來推拖……。再不行就拖著不理、不為，而依然笑臉迎人……。

像這樣的行為，只有積極想做事、急迫感很強的人，久而久之才會赫然發覺他的執行效率與任事態度大有問題；但大部分的人，都會被其和善的面具所欺騙。

表象和善，內涵卻畏縮、推拖、沒有執行能力，而導致績效低落的好好先生，身為主管者看在眼裡，必然要有所要求，甚而必須處理。但大部分人從表象看都認為他很好，更因為他與人為善從不得罪人，因此主管的處置動作，反倒會引發同仁誤認為主管對他有偏見，導致產生對主管領導統御的信任問題。

所以主管必須特別留意組織中的「好好先生」，自己不要也被他的和善所蒙蔽。他不僅長期無法產生該有的績效表現，還會帶給你極為棘手的領導統御及組織信任問題。

—導引思考—

1. 在你的部門中，是否有好好先生？人格特質為何？
2. 檢視自己的工作態度，是否曾出現過對事物維持表面的和諧，不參與、不關心？是否曾因此導致主管對自己的質疑？
3. 觀察你的主管，是如何對待部門中的好好先生？其他同事又是如何看待主管的處理？

11「隨便說說」，不斷的在自我折損信任

我們偶而會聽到這種批評的話語：「這人說話不經大腦」。而的確我們仔細觀察，有些人就是習慣「隨便說說」，說話不經大腦。因為說話不經大腦思考，所以經常給出的是錯誤的訊息、錯誤的意見。假若旁人稍有不察，就不知不覺陷入錯誤的判斷。這是非常危險的！

一個人會有「隨便說說」的習慣，經常是在成長的過程、職涯的過程，「隨便說說」未被指正，反而得到默認、鼓勵而養成的習慣。而這種「鼓勵」，都是周遭人士的不察與縱容。

一個「隨便說說」的人，當面對問題只要「有說」或「隨便說說」就可應付時，他就不需要謹言，不需要在腦袋中將事理想清楚再說。長久下來腦筋是不清楚的，自然他的判斷力是有問題的。

其實，這種人「隨便說說」的話語，惟有初接觸者會因不了解而誤信；只要多接觸幾次，就會發覺這種人「不可信」的人格特質。然而，基於「禮貌」、「和諧」以及「不干我事」的心態下，一般人並不會去說破的；只是敬而遠之，或是聽而不聞，或是在「不能不聽下小心謹慎」。

判別這種人其實不難，略有判斷力的人都知道，只有他自己不知道，而持續沉迷在「國王的新衣」中。

如何察覺自己是否是「隨便說說而不被信任」的人？最簡單的方法是檢視自己意見，是否真正被接納、注重？還是被虛應了事？一個人的自省很重要，當自己的意見不被接受時，不要輕易歸諸為「狗吠火車」現象，都是別人不願聽，別人不對！而不檢討自己。

主管身負指導、指正的責任，必須要求這種人改變習慣，遇事須經大腦思考再給出意見看法，才能點滴提升能力、提升工作品質。如果主管只想當個「好好先生」，或是打著「和諧」的大旗，一再縱容習慣「隨便說說」的部屬，他就會一再的散播不正確的訊息，整個組織就不斷的被不正確訊息所干擾，造成其他同仁的誤解甚至誤判事物，嚴重影響組織的氛圍與運作成效。當然，你更無法期待他能有好的判斷力及工作績效。

「隨便說說」很輕鬆很容易，但是久而久之主管不信任你，部屬不信任你，同僚不信任你。你在大家的心目中將漸漸變成隱形人，而無視你的存在。

贏得信賴並不容易，而不經大腦的「隨便說說」，就是這樣輕易把辛苦建立的信用給打折了。假若有這種習性，下定決心改變吧！

—導引思考—

1.「隨便説説」長期處在社會之中，回想一下，你是否曾因為隨便説説而導致事情破局或失控？

2. 隨便説説的習慣和判斷力有什麼關連？和信任又有何關係？

3. 觀察主管和同事，是如何對待部門中時常隨便説説的同事？

4. 身為主管的你，該如何輔導習慣隨便説説的部屬，改變説話不經大腦的習慣？

12 方便，不應該隨便

在公司裡，在不影響大原則的情況下，某些實務管理作為上，會不那麼絕對的嚴謹；而是允許同仁在自我管理、自我節制的精神下，取得一些方便。但是，我們會看到有些人不知節制，恣意妄為，認為可以取巧而貪小便宜；甚至認為這是福利，不用白不用，進而擴大、用力的用。

倘使公司內有這樣的人，他們的作為會導致某些人仿效，並且「傳頌」一些似是而非的說法，再影響更多人跟進。風氣一旦形成，將嚴重破壞公司主要制度規範的執行，逼得公司不得不要嚴加控管，而無法給予多數同仁「方便」。這都源自少數人「把方便當隨便」。

會把方便當隨便的人，其人格特質是自私自利，好貪便宜，自律性差，而且得寸進尺。與他交朋友、對他友好，他會當成理所當然，需索無度。因為當他抓到機會，就習慣性把事情推給別人，使得大家都不喜歡與他共事，令人退避三舍，久而久之就變成組織的孤鳥。

他的行為不但導致組織無法「方便員工」，徒增管理負擔；並且也阻礙了同仁間互信、互助的工作默契。

俗話說：「一顆老鼠屎，壞了一鍋粥！」對於這樣的人，主管應該請他離開；因為維護清新環境，是主管非常重要的職責。

導引思考

1. 把方便當隨便的人不僅會出現在企業組織，也會影響日常的人際關係。身邊是否有過把方便當隨便的例子，後果為何？
2. 當你遇到這樣的同事，你該如何面對與處理？
3. 以請假為例，有時公司會體諒員工因病無法及時請假，而允許員工用簡訊或郵件告知主管，但久而久之卻讓員工誤以為「已經發了簡訊」而不管是否有得到主管的批准，也未在事後補做病假申請。此類的行為是否在組織中經常發生？你是否碰到過這類「為體諒而給特例」的狀況？後續是否衍生同仁「把方便當隨便」的現象？應如何處理？

13

愛面子的後遺症

面子人人愛！愛面子會促使人培養信守承諾、注重品質等良善的特質；而不愛面子，嚴重者甚至會陷入「不知羞恥」！

但是太過愛面子，就會陷入所有事物的思考、連結都以「面子」為中心，而扭曲事物的核心。

太愛面子的人，遇到自己有錯時不容易認錯，反而會強辯，怪罪別人不給面子。對於錯誤本身的事理就被忽略了，自然死不認錯，也不會檢討改進。

太愛面子的人，一切以「有面子」為思考的重點，反而模糊了事物本身的重點，結果就無法充分理解事物、掌握事物，做出來的結果就會本末倒置，「有面子沒裡子」。

太愛面子的人，也會不自覺扭曲資源的配置，花太多的時間、金錢在維持表面的面子上。只注重表面功夫，忽略實質內涵，當然成效就會變形打折，長期下來不會務實的面對與思考事物的內涵，能力的學習累積就會不足，績效就有局限。

我們都熟知，當有人說：「那人很愛面子！」那代表什麼意思？代表的都不是正面的。不是正面就是略帶負面，假若是很均衡的，就不會用這種形容。

所以，太愛面子的人，應跳脫出來想想別人怎麼看你？事實上並不是真正如你所想的：「你很行！很風光！」而是看到「國王在自我陶醉他的新衣」而私下竊笑。只是大家都不願去點破罷了。

當愛面子而愈來愈陷入「為面子而面子」，就會被面子綁架。尤其我見識過很多的案例，為面子而扭曲事實，為面子而說謊，有些甚至為「撐面子」而用更多謊言來圓謊，以致最後不可收拾。

太愛面子的後遺症非常多，而且事實結果並不如你認知的那樣「有面子」。從認知上漸漸的釋懷，你就不再被「面子」綁架，而能自在的面對所有事物。

—導引思考—

1. 你曾被說過太愛面子嗎？曾因太過愛面子而導致事情失控嗎？
2. 該如何改善過於注意他人的想法、注重面子？
3. 如何能不被面子綁架，自在的面對所有事物？

14
造謠者的特徵

所謂的「造謠」，就是扭曲、變造事實。在組織中，往往有這類人的存在。他是破壞氛圍的亂源。

歸納分析造謠者有下列特徵：

一、很閒沒事幹，喜歡「東家長西家短」，又要語不驚人死不休，以消息靈通、很有見解自居。

二、負面思考傾向的人。各項事物都是有陰謀、都是針對他、對他不利的。於是，他就想利用謠言的散播，影響他人，造成多數人的反抗抵制，來達到個人目的。

三、為圖私利，企圖利用私下的造謠鼓動，形成形勢，來達成個人的利益。

四、貪圖舒適不想改變，因此想出一套說「詞」，扭曲精神目的，來爭取認同。

一般只要是對的事情，都可以攤在檯面上討論。這類人自知想法無法在檯面上站得住腳，所以改為地下化，躲在別人的背後，企盼由別人站到檯面上去表達；即便是自己表達，也多假借是別人的、聽來的說法。

因此，判讀這類人是很重要的，才不會不知不覺中被利用，而成為他人的工具。

—導引思考—

1. 本文舉出造謠者的四個特徵，在你的部門中是否有此特徵的人？
2. 如何判讀造謠者，以避免被利用？
3. 試著分析造謠者的心態？為何造謠者是組織中的亂源？身為主管的你要如何管理組織，不讓造謠者鼓動扭曲？

15 咕咚來了！

這是一個寓言故事。在一個森林裡，一隻小白兔在池塘旁邊喝水，忽然一聲「咕咚」，嚇得小白兔掉頭狂奔。森林中其他動物就問：「怎麼了？」小白兔慌張回答：「咕咚來了！」

眼看小白兔如此驚嚇，動物也跟著慌張狂奔，遇到其他動物也大喊「咕咚來了！」就這樣，整個森林一大群的動物，一面狂奔一面大喊「咕咚來了！咕咚來了！」造成森林極大的騷動與不安。

後來遇到了獅子，獅子就問：「咕咚在哪？帶我去看……。」所有動物都回答不出來，回過頭來詢問小白兔，最後小白兔才帶著獅子來到池塘邊。但是池邊平靜無聲，大家正在狐疑，突然「咕咚」一聲，所有動物又狂奔而去。只有獅子鎮定的仔細一瞧，原來是池邊椰子樹上的椰子掉落水中……。

在組織裡，有多少人像小白兔一樣，經常不分青紅皂白、無病呻吟的嚷嚷……，又有多少人經常道聽塗說、以訛傳訛、人云亦云，從不去了解真相，只是不動腦筋的跟著嚷嚷……。

這些習慣性的行為，決定了一個人的格局與判斷力。尤其要成為組織幹部，「發掘真相，做對決策」是必要的能力條件，也就是要充當智慧勇敢的獅子，釐清組織中的種種誤傳、謠言與誤判，建立正確的判斷力。

假如經常陷入道聽塗說，聽信部屬的以訛傳訛來做決策，或一再在不了解真相的情況下向上反應，這不只是一次次喪失個人的信用度，並且也反映出領導決策的能力問題與勝任問題。

PS. 故事出自一九九二年我給二女兒念的睡前故事。

—導引思考—

1. 組織裡面是否經常出現謠言以訛傳訛的狀況？誰經常是不明就理過度驚嚇的兔子？誰是其他不釐清真相就道聽塗說的動物？誰是獅子的角色？這樣的現象造成組織哪些困擾？
2. 觀察周遭的同事，有多少人是兔子？多少人是獅子？這兩種不同的人，他們在工作中的表現又是怎麼樣呢？
3. 身為主管，必須遏止組織內部這種氛圍的存在，面對兔子與其他動物（以訛傳訛）角色的部屬應如何輔導？遇事如何讓自己具有「發掘真相，做對決策」的能力？檢視自己是否有此能力？若無，該如何精進？

16 給多少，做多少？

有時候，我們會聽到怠惰而不願積極投入工作的人，私底下有一個說法：「給多少錢做多少事，這樣的薪資做這樣就可以了；先給我加薪，我就努力多做點！」這種似是而非的言論，連帶也影響周遭想安逸的人的心理。

大多數人都不希望也不喜歡跟這類的人互動，因為工作不只是薪酬，還隱含更大比例的有形無形因素。但多數不認同這種似是而非的言論者，頂多不理會而已，很少會直接說破，因為仔細思考根源的道理，這種說法不僅邏輯不通，更顯得這類人太膚淺、太無知！

在經濟社會中，用工作換取薪酬報償，基本上是一個「對價行為」：一個人出租其能力替別人工作，而這出租及完成工作的「對價」是多少，就是薪酬。就像銷售物品時，賣方必須呈現物品的規格與功能，讓買方在可茲確認下提出買價；絕非賣方不展現能耐，而要買方黑箱出價，買好買壞，是買方的事。

即便是無形商品的交易，譬如聘請律師、會計師、建築師服務，他們也都必須盡可能提出過去的實績與口碑，以贏得客戶的認可，同意聘任；並經由實際服務配合的過程中，努力呈現自己的能耐，建立起客戶的信賴，而願意維持長期的服務關係。

同理，任何人應徵工作，也是透過履歷及面談來呈現自己，提供企業判斷其能耐的機會，並提出相對應的薪酬條件。而工作的過程中，則是經由實質投入工作所展現的能力績效，而調整薪資獎金。這是大多數人共知的基本規則，哪有不展現能耐而要求先調高薪酬的道理？

一樣米養百種人，持有這種論調的人本來就不值得任用。所以，應該請他到別處去領高薪，以免因為姑息這種人的存在，而干擾組織的氛圍。

—導引思考—

1. 似是而非的言論時常影響他人的心情，如何判讀並避免自己受到影響？
2. 對你而言，工作和薪資的關係是什麼？若要獲得好薪資，該怎麼做？
3. 從主管的角度而言，如果先給了高薪但實際表現並不若期望，該如何處理？因此，對於有「潛質」但尚未有「實際表現」的人員，應該如何處理？

17
大家一起來抓官僚

組織中最常呈現的官僚作風，就是推卸責任。每個部門、每個職位的存在，都是為了支援其他相關單位的運作，來完成公司對外營業目的。存有官僚心態的人卻推事、不作為，樣樣事不關他的事！真有事找他，他就東挑西撿，讓別人吃閉門羹。

公司運作需要有制度辦法可依循。官僚的功能主管單位，會制定一個對他最方便省事，對別人繁瑣費時、勞民傷財的辦法，他卻視若無睹！倘使有人提出質疑，他就搬出一堆似是而非的說法反駁，而依然不動如山。一副權力在我手上你奈我何的態勢？

當然更可惡的官僚，會運用他的權力去刁難別人，迫使別人必須對其畢恭畢敬，順從其意！

事實上，組織中所有人的所有作為，大家都看在眼裡；組織中哪些人具有官僚作風，人人心知肚明！那麼為何官僚作風仍然存在？一方面是官僚的人以為上層主管不知道，因而依然故我；一方面也是部分主管姑息怕事、不積極導正的結果。長期以往，將導致組織氛圍不佳，員工逐漸喪失積極任事的動力。

所以，每個人要自我省思，是否不自覺中形成官僚的習性而不自知；而主管一旦發現部屬有官僚作風，更應負起責任去正視並積極糾正。

官僚的存在讓有心做事的人寸步難行，也是讓公司逐漸積弱，被市場淘汰的主因。大家都痛恨官僚，它是組織的毒素。讓我們大家一起來去除它吧！

—導引思考—

1. 觀察自己的部門，是否有官僚的情況產生。造成什麼影響？
2. 若你的同事或主管擁有官僚作風，你該如何面對？
3. 若站在主管的角度，你會如何察覺與處理部屬的官僚問題？

第三部

能力提升

能力是職場上過關斬將的必要條件，而什麼是能力？能力和閱讀又有什麼關連？拆解能力的內涵以及學習的火候，用對方法提升學習效果，將書本上的知識融會貫通，靈活應用於職場上，這才是屬於自己的能力。

18 人分三等，你是哪一等？

有一種面向來區分人的等級：

第一等人：只付出微小的代價，就學會。

第二等人：付出相當的代價，才學會。

第三等人：付出相當的代價，還是學不會。

這是簡單的劃分法。真實的世界是：

第一等人：大部分是透過觀察、閱讀、傾聽或做中學、上課等方式，吸收學習前人或別人的經驗，並且用心的咀嚼體會，這種方式付出的代價相對微小，卻能學習大量的知識經驗。

當然，第一等人也要有部分的事物必須是親身嘗試、並經過一再的試誤、甚至付出相當的代價才能深刻體悟出內涵，並且累積充實之經驗，而也會有小部分是一再付出代價仍然沒學會。但因為這些都非生涯關鍵事物，所以不會造成太大影響。

成為第一等人的關鍵，在於努力及善用方法。

第二等人，大部分的事物是親身投入試誤，而累積出深刻經驗。雖然也有一部分是如同第一等人一樣透由學習就學會，也有部分像第三等人一樣雖付出代價仍沒學會；但因為耗時費力甚多，所以能累積的亦有所局限。

第二等人雖然努力，但欠缺思考方法，所以頂多只能達到第二等人的層次。

第三等人，就是大部分的事物一再的付出慘痛代價，都無法記取教訓，使得相同的錯誤一再的出現。而且，由於這些一再重犯的錯誤，涵蓋生涯的關鍵事物，所以招致悲慘的人生。

這類人的問題根源，即在於自律性差，隨著感覺走，付出慘痛代價卻依然故我，不但害了自己，也傷害周遭的親人。所以俗話說：「可憐之人，必有可恨之處。」

依上述的內涵分類，試著將你知道的人加以歸類，會讓你更能體會其差異。

那你是哪一等人？

—導引思考—

1. 本文提到區分人的三種等級，試著簡述這三種等級的不同。自己屬於哪一等人？自己哪些方面是用到第一等人的方法，比例多高？哪些是第二等人，比例多高？哪些方面仍然屬於第三等人，而且是否有「一再重犯的錯誤」是屬於「生涯的關鍵事物」，招致人生的挫折或不順遂？
2. 觀察周遭較為成功者，能否舉出一個案例，說明其運用第一等人的方法自我成長的例子？他們還有什麼共通點？
3. 觀察周遭被你認為是失敗者，是否確實是一再付出代價而學不會的第三等人？他們還有什麼共通點？
4. 你認為人的等級跟聰明才智有絕對相關嗎？為什麼有些人不

管用什麼方法就是學不會呢？

5. 假設你是主管，你認為你能將部屬從第三等人提升到第一等人？還是能將第三等人提升到第二等人？還是能將第二等人提升到第一等人？為什麼？

19 熟悉，不等於能力

我們經常會看到有些人做事情非常熟練，不但快手快腳，而且不慌不忙、氣定神閑。心中不禁油然產生欽佩之情，同時也認為他的能力很好。

對一樣事情從「不會」學習到「會」，學會了以後持續做，做久了自然能熟練，所以這是「習慣成自然」。而且只要是稍有營運規模的組織，對於一樣事情該怎麼做？如何做最能達到高品質高效率？都是經過規畫設計而早有全套的標準作業流程（SOP）。換言之，只要假以時日，每個人都能夠從生手變熟手，同時是品質效率很好的「熟手」。

因此，熟練、熟悉、熟手，這都只是時間問題，無關乎「能力」。所以，熟悉並不等於能力。

但是，熟悉以後若能進一步精進到「熟能生巧」，則是在熟悉事物的過程中，不斷的理解、體會並逐步融會貫通下，而有自己獨到的體悟。不但能妥善處理各種艱難的問題，並且還能改善提升既有做法。這才是「能力」。

因此我們要特別認知，當一個人因為入行較早，而對該行業較了解、人脈很熟悉後，要成為該領域的「熟手」並不困難。但是，若是因此而誤認這就是能力而自滿，不再去用心鑽研、改善提升而淬鍊出真正的能力，那麼，一旦其他資淺的生手變熟手，原有的優勢就不復存在了。

而且，若你身處的是發展較久的產業，身在這產業的人已經很多，熟悉產業早已不再是少數人的專利，只靠熟悉是不存在優勢的。

再者，雖然人脈相當重要，但是發展成熟的產業競爭已經非常激烈，企業要能持續提升競爭力，必然會更加理性思考對企業營運最有利的條件；因此，「人脈」與「關係」便會逐漸弱化為潤滑劑、強化劑的角色，而不會是決策的主軸。更何況人事會異動，沒有真正的實力而只靠人脈關係，也無法長久保住生意。

因此，迷失在「熟悉以為是能力」的人，應深切理解這些道理，並用心去體會培養真正的能力。當然，主管不要在不知不覺中，誤把熟手當人才，長期部門將培養不出真正的幹才，陷入組織中空的窘境。

—導引思考—

1. 「熟手」跟「熟能生巧」有何不同？環顧周遭，是否可分別對應到兩種不同的人？
2. 檢視自己的工作，是否已由「生手」晉升為「熟手」？晉升到「熟手」還需要歷練哪些工作或累積哪些能力與人脈？
3. 目前已晉升到「熟手」的人，是否已「熟能生巧」而有經常提出改善做法的能力？如何自我提醒不要落入「熟悉自以為是能力」的迷思而自我停滯？
4. 是否有觀察到組織當中，所謂的萬年科員，停留在熟手的階段遲遲未繼續往上發展，請問他們具備什麼樣的特質？要如何避免自己成為萬年科員？

5. 身為主管，要如何洞悉部屬到底是人才還是熟手？用什麼方法能讓部屬成為人才而不只是對事情熟悉，請舉例說明。

20 用方法，用工具，不要隨本能做事

人類社會之所以會進步，就是不斷的面對問題、解決問題；並在解決問題的過程中，思考新的方法，創造更好的工具，不但解決了問題，更提升了效率與品質。因此，一個水平高的社會，便是習慣思考方法、善於使用工具。

同樣的，一個有能力的人才，做事情是習慣動腦思考方法，習慣鑽研工具與善用工具。所以事情交給他辦，不但辦得到位，品質效率也奇佳。

但是，我們也會看到一些人，做事情像植物人似的不動腦筋，完全隨原始的本能做事。他不願花時間去思考、學習做事方法，也不願學習使用更有效之工具。就只會反射性的隨著本能、或依據自己落伍與缺乏效率的「慣性做法」去做事。反正事情有做就好、做完就好，而從不去關注或學習如何做得又快又好！

企業是要面對競爭與外在環境考驗，它必須不斷的精進工作方法，提升競爭力，才能生存；如何思考更創新的方法、規畫更有效的工具來提高品質效率，做出競爭者無法做到的功能與服務，這就是企業的競爭能耐。

而工具與方法都是由具備鑽研與思考能力的人才所規畫建立的；同時，也需要一群願意動腦的員工，學習運用及落實執行。因此，當多數同仁都在不斷提升學習新方法、熟練各種新工具，以提升效率與能耐時，組織中那種不喜歡動腦筋、不學習新方法新工具的人，不但妨礙其他同仁的工作順暢與效率品質，也阻礙了企業的生存發展。

無視環境的變化與需要，而無法與時俱進的人，遲早組織會受不了其落後，而必須有所處置。

論語說：「不能不教而殺之！」公司會盡可能教導同仁方法，給予同仁學習機會；但倘使教導無效，亦應儘快處理。避免讓一群人陪葬了效率品質，也慢性減損企業競爭力。

—導引思考—

1. 回想自己所在的工作環境，哪些是幫助自己提升工作效率的工具或方法（譬如EXCEL、電腦軟體、報表……）？自己相對於其他同儕，使用工具的程度如何？是否曾有過用心鑽研工具而確實提高工作效率的經驗？

2. 觀察其他同儕（或企業），是否有善於使用工具或方法而提高工作效率、甚至能夠時有創意？他們能夠脫穎而出的原因，是否就與善用工具有關？

3. 相對於善於使用工具與方法，就是文中提到的用「本能」做事的人，環顧周遭，是否確實有用「本能」做事的人？這類人是否逐漸成為組織／部門中的落後分子，甚至成為組織／

部門進步的「瓶頸」？

4. 自己是否有時也不自覺落入用「本能」思考或做事？如何自我提醒，使得投入了努力而能獲致匹配的實際績效？

21 努力，但不要用蠻力！

我們對努力的人，都非常的欣賞！

努力不一定成功，但不努力成功的機會是很渺茫的！

很多人認知努力的重要，而大力投入時間、精力。不久後我們會發現成效逐漸在發酵，逐漸脫穎而出，同時大家都抱以更高的期望。

但是，隨著時間的推移，我們發現很多人似乎停滯在高原期而無法突破。他或許知道，也或許不知道，而只欣喜於超越別人，同時沉迷於做事得心應手與外界的掌聲。直到時間一久，原來落後的追上來甚至超越；掌聲少了沒了，才驚覺納悶「怎麼這樣？」

長期經驗發現，這些人努力靠的是他的「毅力」甚至是「蠻力」，無形中形成「太用力」與「太專注」。太用力就很硬，久了便由硬變僵，而不會思考變通，就無法融會貫通而提升；「太專注」就容易忽視或排斥周遭事物，以致很單點、很狹隘。

努力是需要「用力」去突破、需要「毅力」去持續，但更需要用「腦力」去理解體會，用腦力去思考變化、用腦力去突破提升。由於初期努力是靠「用力」獲得成效，因此就相信持續用力就會有成效，更甚至相信「只要」用力就有成效，而變成習慣用力，忘了腦力。

仔細檢視自己，是否努力而忘了用腦力？

凡事都要用腦力去理解，凡事都要用腦力去想方法，凡事都要用腦去思考而融會貫通，而一步步提升自己。這樣的習慣不但讓你與時俱進，更有機會讓你的經驗歷練昇華為能耐、智慧。

千萬不要只用蠻力，最後陷入「沒功勞，也有苦勞」的自我憐憫的地步。

—導引思考—

1. 本文提到「三力」，努力需要「用力」去突破、需要「毅力」去持續，更需要用「腦力」去理解體會。檢視自己，目前是否有較不足之處？如何改善？

2. 自己是否不自覺有太用力太專注，導致思考僵硬、陷於單點狹隘，造成出現瓶頸甚至愈用力會愈糟糕的情況？要如何才能突破這樣的困境，不會白費力氣？自己的經驗中是用什麼方法跳脫此困境的？

3. 若你身為主管，要如何了解部屬是否只會用力，而忘了用腦力？又要用什麼樣的方式才能推動部屬前進突破瓶頸？

4. 觀察企業中的高階領導者，他們都懂得用腦力而不是用蠻力嗎？

5. 是否有看過只會用蠻力而不會思考運用腦力的人，換作是自己會怎麼做？

22

專注、聚焦的近視眼後遺症

專注、聚焦、集中投注足夠資源以成事，是很重要的方法。但是運用不當，反會導致嚴重後遺症。

使用過單眼相機拍照的人都知道，當你焦距聚焦於眼前的人物時，背景就會模糊。這種因為聚焦於單點、導致周遭影像變模糊的「近視眼後遺症」，在我們生活中經常發生，例如，過度專心就會忘了時間，邊走邊思考容易踢到臺階等不勝枚舉。

工作上的過度聚焦，也會產生幾種典型的「近視眼後遺症」。比方說，做事過於追求完美的人，因為一再希望做到最好，眼中只有那單點的事物，而輕忽其他關連事物的重要；思慮反而失之偏頗，甚至導致判斷失準。追求完美反而更不完美，甚而產生反效果。

又比如思考時，倘使過度專注在一個特定點上，反致忽略周遭相關連事物及其連動影響，就形成單點思考、見樹不見林。

或者是，只聚焦在自己狹隘、局限的範圍內思考，對外界事物充耳不聞、視而不見，就形成自閉思考、以井觀天。

以生理現象來比喻，「近視眼」就是長期習慣於過度聚焦，導致眼球疲乏與定型。而預防近視眼的方法，便是養成一段時間就要「望遠」的習慣；當眼球透過看近、看遠的切換，適時適度變換焦距，便能防止近視。

避免工作上的「近視眼後遺症」，便是要刻意自我提醒：當專注投入相當時間後，就要轉換焦距，讓思緒轉換到半休息狀態，拉遠觀看整體後再重新投入。或是，當遇到需要下判斷作決定的關鍵時刻，刻意跳脫當下糾結的幾個點，拉遠遠觀後再重新對焦……。這種經常伸縮鏡頭、重新對焦的習慣，對於容易陷於單點思考、見樹不見林的人而言，是非常重要的習慣。

因此，當我們自覺專注投入而有過度聚焦的傾向時，便要自我提醒：應適時跳脫出來，改用「望遠模式」。亦即以整體、宏觀、系統的角度，溫習欲執行事物的精神目的與手段方法，校準定位、理順邏輯後再繼續投入，以免走錯方向。輕則事倍功半白忙一場，重則甚至導致判斷失誤。

所以，當你自覺很專注投入，卻無法達到好的成效，甚至產生反效果時，可能就是患了「近視眼後遺症」，殊為可惜。假如你有這種現象，下定決心調整習慣吧！

導引思考

1. 在工作當中，我們時常過度聚焦，追求完美，但反而輕忽其他關連事務導致有所偏頗，自己是否也有過類似的經驗？

2. 承上題，是自己的歷練不夠，又或是思考過於單點、見樹不見林？是否有過拉長距離觀看（望遠模式），而得出新的觀點或做法的經驗？或是當時沒有想到，但事後回想（已拉長距離看）而有不同想法的經驗？

3. 你認為近距離思考與望遠模式的交互使用，為何有助於使大架構與小細節都能兼顧？環顧組織中的能人或主管，是否較擅長於交替使用這兩種方法？

4. 承上，這是否是可以訓練的？如果你身為主管，要如何培養部屬養成這兩種方法兼顧的習慣？

23

一知半解，最危險！

當一個人不懂時，會很謹慎小心，避免作錯決定；當人認知自己對事物「一知半解」，就認為自己「不懂」，而會謹慎小心。

然而，很多人實際上是「一知半解」，卻都認為自己「很懂」，因此就很有自信、很堅決的作了決定；以致於付出了大大小小的代價，危機也就一次次的出現。甚至，有些事還因為始終沒有發覺自己是「一知半解」，付出一輩子的代價而渾然不覺。

「一知半解」就是對事物的吸收囫圇吞棗、不求甚解，導致判斷失準而不自知。因為不徹底了解事物，不精準分辨事物細微差異，以致陷入斷章取義、馮京當馬涼、張飛打岳飛打得滿天飛。而且正因為自以為很懂，他甚至聽不進去別人的觀點、勸告，當然賴之作出的判斷，就會差之毫釐失之千里，甚至造成很大的錯誤。

世界愈來愈複雜，每個人都需要更廣博的知識與常識，更深入的理解、認知與融會貫通，才能做出精確的判斷。然而許多人熱切積極的「吃進」一大堆觀念與資訊，一方面感到自我安慰，一方面滿足了自己的虛榮。甚且還自以為知識淵博，因而好發言論、勇於批判事物。這類人可能需要檢核一下自己融會貫通的程度，否則「中毒」的程度會愈來愈深。

讀書不求甚解，以為懂而誤用，就要付出代價；那倒不如從未曾讀到過，反而不會拿去誤用。俗話說：「盡信書不如無書！」就是這個道理。所以，寧可多花時間，把一樣事物徹底理解搞懂，而不要草率吸收一堆「一知半解」的事物。

「一知半解」的事物不能用，它是垃圾，甚至是毒物。

導引思考

1. 現今知識爆炸，許多訊息鋪天而來，你是否養成了一知半解的習慣？曾造成什麼影響？
2. 該如何善用資訊取得的方便性，吸收正確資訊並融會貫通？
3. 回想自己是否曾經有一知半解，卻認為自己很懂而堅決的做了決定，而付出慘痛代價的經驗？這次的經驗之後，自己是否因此記取教訓，做了怎樣的改變？
4. 工作中是否曾經遇過不懂裝懂的同事、主管、部屬？他們付出了什麼樣的代價？換作是自己會如何做？

24 好好檢視你的「腦消化系統」

我們都知道「消化系統」，是決定我們人體吸收營養是否完善的生理機制；而「腦消化系統」，則是我們吸收知識能否充分理解、內化而活用，非常關鍵的機制。

深度觀察，絕大部分人的「腦消化系統」功能是不佳的，導致在傳播工具發達、知識隨處可得的情況下，即便很努力積極的學習，效益卻遠不如預期的理想。

「腦消化系統」是一個「處理」知識的過程，處理的過程是否完整、徹底，就決定了吸收的品質，以及最終能否運用並產生成效。而歸納「腦消化系統」的不良、不完整，有下列現象與層次：

一、只是「讀過」卻不理解：只記憶到表面的字意，以為字意就是意涵、內涵就結束，而繼續去進行其他的知識吸收。這種情況下是讀了很多，但都不完全理解；只有「一知半解」當然用不出來（沒有效果），甚至還會誤用。

二、有理解但未「充分理解」：理解了字意的意涵，但是只是純邏輯、學理的理解，而沒有納入實務經驗，或周遭人事物現象來幫助理解。使得那觀念知識只停留在虛幻的理解，需要用時還是不會用或用不出來！

三、充分理解但未深度扣連：雖然有充分實務的理解，但與工作、生活的事物沒有深度的扣連，即便學到了並儲存在腦海中，卻只是一個孤立的知識；當工作或生活上需要用到這個知識時，並不會被「聯想」到而拿出來運用。形同學富五車但是束之高閣，用不出來等於沒有學到，非常可惜。

大家要切記！知識本身沒有價值，是被運用而產生的結果，才是知識的價值。所以，不能用出來就不能產生結果，跟沒有知識是一樣的沒有價值。

以上，這種消化不良、消化不全、連結不充分的狀況，大部分是學習吸收的「習慣」使然。因此，自我檢視一下自己的習慣，是否真正的完整「處理」整個知識消化吸收的過程。若是消化吸收完整但是未深度扣連者，更要特別留意吸收過程中刻意與工作、生活的扣連，連結得愈多，以後被用出來的機會就愈多，學習的價值就愈高，甚至會有數倍的「乘數效果」。

重新認知大腦消化學習知識的完整過程，改變不良的習慣並養成新的習慣，使得你的「腦消化系統」是健康的，讓努力學習能獲得效益。否則，都是白費工夫，而且即使努力學，最終還是不如人！

—導引思考—

1. 觀察自己的閱讀習慣，有哪些內容自己「只是『讀過』卻不理解」？回想起來，這些學過的內容，有被運用而產生價值嗎？

2. 觀察自己的閱讀習慣，有哪些內容自己「有理解但未『充分理解』」？回想起來，這些學過的內容，有被運用而產生價值嗎？

3. 觀察自己的閱讀習慣，有哪些內容自己「充分理解但未深度扣連」？回想起來，這些學過的內容，有被運用而產生價值嗎？

4. 觀察自己的閱讀習慣，有哪些內容自己經常使用而且為自己帶來很多價值？回想這些知識，在閱讀的過程中，你多做了什麼動作，使得學習知識後產生的效益最大？

5. 以自己的經驗，什麼樣的學習曾讓你有突破單點式學習，而連成了「線」甚至「網」？它是否是一種「開竅」的喜悅？為你帶來了哪些效益？

25
「將心」的閱讀心態

現在是一個資訊與知識大量傳播的時代，我們不乏閱讀的材料與機會。但是，同樣的文章用不同的習慣與心態去閱讀，就可以看出他到底是「兵心」、「士心」、還是「將心」，以及爾後能提升的能力層次！

有人閱讀只是草率的讀過，形式上讀完了，對自己有交代就好。這類人必然只是「兵心」，而且是打混過日子的兵。

有人一面讀一面理解，並且一面對照自己，努力擷取自我檢討改善或積極學習提升的內容，這是積極追求上進者。這種用心的閱讀，能力與認知將會逐步提升；但閱讀的效益僅止於自己，至多只是個獨善其身的能力不錯的「兵」。

有人在閱讀的過程不但對照自己，也擴大去連結與對照周遭的同事與組織；除了自己的提升，進一步會積極思考如何運用於團隊做事的配合改善。這種閱讀方法，不但學習提升了自己的能力，也進一步用於改善部門與同事的提升，就是「士心」的基礎。假以時日，自然是基層主管的人選。

有人閱讀不但對照自己、對照別人，更會對照到行業生態與社會環境。甚至他會同時以部門、公司的角度來思考：「這個觀念與做法很好，可以如何引用到部門與公司，擴大效果？」因此，即便他此刻並非主管，但是因他習慣以更大的「思考範疇」來思考如何運用所學的知識，這就呈顯了「將才的心態」，也是一種「將心的習慣」。

這種練習模擬「將」的思考、決策，以及學習與運用「將」的思考範疇，去帶領提升部門組織的習慣，長期累積下來，自然在平日的工作中，其看法、見解、決策及表現，就自然而然會浮現出「將」的氣質。將來成為將才、勝任將職，是順理成章而指日可待的事。

而一個現任的主管，假若具有「將心」，也是個「將才」，那麼，他在閱讀後不僅會思考如何用來輔導提升部屬與改善強化部門，必然還會積極的去推動執行；他甚至還會積極建議給上級主管與公司領導，企求整個企業的積極成長。這種學而後積極擴大運用的習慣，將使得他所帶領的部門逐步脫穎而出；「將」的能力更加滋長，而提升成為「大將」。

當然，在組織中我們也很容易看到有些主管並不是如此，而是呈顯出「士職兵心」、「將職士心」，甚而是「將職兵心」；這都是組織在成長過程中，因主管讀人識人能力不足，或蜀中無大將導致的歷史錯誤。不過，很慶幸的也看到一些「將心」、「士心」的潛力人員正在滋長。

「主管是浮出來的」，「將心」就是那最重要的浮力。閱讀是觀察的一部分，亦是自我學習的關鍵動能；所以，擴大來看一個人的觀察心態與習慣，更能夠看出一個人是否有「將心」。

因此，大家要檢視自己的心態與習慣，只要改變自己的心態與習慣，要成為「將才」並不難！而且，這只是心態與習慣的問題，只是站對姿勢與否，牽扯不到高深的學問及智商！

—導引思考—

1. 兵心、士心、將心的閱讀方式有什麼不同？對照自己的閱讀方法，是用哪一種「心態」與「習慣」在閱讀與學習？是打發時間？擴大知識範疇？還是盡可能與工作有效連結，並從更高的角度思考連結？成效是否如文中講的只有「兵心」或「士心」的層次？
2. 自己期待爾後在組織中的位子是兵？士？還是將？所以應該如何調整自己的閱讀學習方法？
3. 觀察自己主管或有成就的人，其學習的「心態」與「習慣」，是否與本文所提到的有相仿的觀念？
4. 身為主管者，觀察部屬的觀察心態與習慣是哪一種？本文對你在挑選潛力幹部是否有新的啟發？

26 拿捏得宜，代表能耐

「過與不及都不好」、「魚與熊掌不能兼得」、「有一好必有一壞」、「物極必反」、「兩難」……，這些我們耳熟能詳的語句，都在描述決策判斷的困難。

因此，「中庸之道，允執厥中」這個觀念，就是強調事物的兩個極端是有問題的；如何融合兩極，拿捏最適比例與組合，非常重要，也才能得出真正好的解決方案。

從小時候我們開始學習事物，便習慣用好壞、是非、對錯等「簡單二分法」，來學習、認知與判斷事物。隨著年齡漸長，大家逐漸了解到，事物是十分複雜多變的，絕非簡單二分法就能判斷。因此，必須對事物完整的理解與細膩的辨別，才能透徹掌握細節與關鍵，並一次次累積經驗，才能逐步提升判斷精準度。

然而，透徹了解一項事物原本就不容易，必須投入時間與精力，並且累積經驗。更何況隨著時空的改變，事物的本質與內涵也在演化改變，因此，每次的決策判斷的難度都很高，需要格外的小心謹慎，仍不容易判斷精準、拿捏得宜。

所以，拿捏精準的能力，就代表一個人的能耐。

反觀，我們會發現有些人仍停留在簡單二分法的判斷習慣，未隨著經驗火候而提升決策的細膩度；然而，他卻非常果決神勇的做決斷，渾然未覺粗糙決策已埋下諸多的後遺症。直到後來驚覺面對滿布的後遺症，陷入百病纏身、難以理清的地步卻無能為力。

所以，主管在判斷人才時，不要被他表象的果斷行為所矇騙；而應觀察他決策時思維邏輯與拿捏輕重的細緻度，才能真正分辨出人才。

導引思考

1. 不論是人事物的處理都有其因果關係與複雜度，往往不是非黑即白，不容易用簡單二分法判斷，或是同時有多個因素包含在內而必須兼顧的情況，否則容易失之粗糙，這也是本文為何強調拿捏的緣故。就你的經驗，是否曾有過跳脫二分法的簡單判斷，而能達到更好成效的案例？

2. 當事物有第二次第三次的判斷機會時，就是在提高「拿捏」的火候，依你的經驗或觀察，有好的拿捏經驗的主管，他們在拿捏上是否有哪些原則可參考？

3. 不管在工作中、生活上，我們每天都在做決策，每次的決策都有其難度，要如何精準拿捏，需要火候、能耐，請分別舉出一個自己拿捏得宜及錯誤決策的案例。

4. 承上題，請分別說明自己是如何做到拿捏得宜？又為什麼做出了錯誤的判斷？如果有機會修正，要如何調整？

27
培訓，就像姜太公釣魚

培訓就像姜太公釣魚，願者上鈎。一套教材要培訓一群人，就會因各人學習能力優劣、經驗歷練多寡，產生不同的學習成效；再加上努力程度不同，更會使培訓結果產生天差地遠的差異。而且學習是沒辦法強迫的，一個缺乏學習意願的人，即便你強壓他學習，頂多記了形、學了樣，但終究無法吸收體會、融會貫通，學了也是白學。

更何況能力的培養提升，本來就是自己的事。組織中的每個人，本來就是因為能力足以勝任不同層級的職務，始能獲取不同的薪酬；因此很多人為了提升能力以勝任更重要的職務，願意自掏腰包學習一技之長，或是利用下班時間自費進修，就是這個道理。

所以，公司並沒有培訓員工的義務與責任；而是員工自己要培養與提升能力，來符合職位的要求。

那麼，公司為何願意投資人力、物力來培訓員工？無非是希望幫助員工能持續增長能力，對組織帶來更大的貢獻。尤其企業內部設計規畫的培訓課程，是依據自身的需求量身訂作，兼具理論與實務，比起外界的課程更為實用扎實，員工學習應用的效果會更好！這是公司額外的付出，員工應該要珍惜。

更何況員工能力的增長，一方面能使員工獲致更高的職位與薪酬，二方面員工墊高了能力水平，有條件再學習更高的能力。而且，能力學來了是一輩子跟著自己走，誰也奪不走。

有些認知錯誤的同仁，以為培訓是公司的責任，所以，培訓就該安排在上班時間，否則就是不對。或是擁有培訓的機會，卻用輕忽的態度應付了事，人到心不到，甚至隨意缺課。像這種根本沒有求知上進意識與意願的人，給他培訓也是多餘的。

因此，主管要認清資源是有限的、資源是有成本的，因此，資源應該投資在對的人身上，才會有效益。不要去勉強那些不願學習的人！

公司的培訓，並不保證每一位都有相同的效益，而是看個人的努力與悟性；而其效益也會在爾後的時日，漸漸顯現。公司就依個人顯現的成效來選用、拔擢幹部，所以，也可以說「幹部，是自己浮上來的」。

認清培訓、珍惜培訓、用心培訓，都是為你自己。

—導引思考—

1. 回想一下進入職場後的學習和培養，是來自哪些管道？自己學得較同儕來得快還是慢？歸結原因，是學習意願還是資質問題，讓自己的學習成效產生與他人的顯著不同？

2. 回顧一下，公司內部學習（包括課程、規章制度、主管口頭輔導、會議中學習或向同儕學習請教等）的成效，比起外部課程，其優缺點如何？哪些內容自內部學習較有成效？哪些則向外部學習較有效？

3. 身為主管，當你面對外部課程並非「依公司需要量身定做」時，你該如何規劃培訓？還是全部交由人資單位去規劃？

4. 身為主管，針對缺乏學習意願的人員，你該苦口婆心的勸他學習？一視同仁的提供學習機會？還是針對積極有意願學習的人員優先投注較多的資源？

第四部

職涯認知

職涯猶如馬拉松，占據人生數十年。在職涯過程中，面臨組織的各種改變，甚至是大環境、社會的變化，該如何擁抱改變？如何持續保有熱情、培養興趣，讓積極、持續不懈追求的內在動力，源源不絕？

28

興趣的本質是一樣的

有人說「要選擇有興趣的工作」，也有人換工作的理由是「興趣不合」。這些話好像是對的，因為沒有興趣就不會有熱情，也不會積極無怨無悔的投入。

但是，興趣是怎麼來的？

每個人都會有個人的興趣，或者叫做嗜好。大家想想！你的興趣是如何形成的？興趣帶給你的感受是什麼？做有興趣的事，行為態度會是怎樣？

興趣的形成往往是機遇！很可能自己無意中碰到，或別人無意間的引介……。這些機遇多數並不會成為你的興趣，那些後來形成興趣的，往往是因為自己深度鑽研，或經過別人指引，讓你感知與體會到其中的意涵及這意涵的價值，使得你內心產生充實感、意義感、興奮感，更甚而產生價值感，所以就會想一再感受那種感覺！你會身在其中而忘記時間、忘了飢餓！這種情境，也叫做熱情。

假如我們對於承接的工作，能夠一再的深入去了解、體會，並且融會貫通，就愈加能感受價值的存在，自然而然不但學會、理解這工作內涵的知識，也因感覺它的意涵與價值，每次投入去做時，內心都充滿充實感、滿足感，自然就樂此不疲的一直想要做下去。這就是著迷的去做有興趣的事，也就是興趣！

不管什麼事情，當你去深度了解、體會而感知意涵、價值，就很想要一再的去做，這就形成興趣。所以，興趣的本質都是一樣的，能不能變成你的興趣，就在於你有沒有去接觸，你有沒有深入去了解體會，而感知意涵價值。

所以，興趣是可以培養的。

假如將「工作」這種有經濟價值的事，培養成興趣。那不但做有興趣的事，而且會做得非常出色，當然經濟價值更高、所獲得報償也更高，那不就是獲得雙重效益！

因此，除非與基本的人格特質差異太大，否則，沒有培養不出來的「工作興趣」。因此，會說「沒有興趣」，往往是沒有投入足夠的精力，或是做不好，做為自我逃避的藉口。

—導引思考—

1. 你曾有過投入在某項事物中而忘記時間、忘了飢餓嗎？在工作上，也有過相同的經驗嗎？回想一下，對這項事物的投入是怎麼來的？是因緣際會接觸還是規劃好的？

2. 本文提到能否成為興趣，就在於有沒有去接觸、深入了解體會，而感知意涵價值。回想一下，你是否曾錯過了培養興趣的機會？若重新再來一次，你會如何做？

3. 檢視自己每當說「沒有興趣」時，是真的沒有興趣還是藉口？你是否曾經有用興趣不合的理由轉換工作的經驗？是真的興趣不合還是因為沒有深度了解呢？

4. 你對目前的工作「有興趣」嗎？跟你本來還未踏入這個工作

前的認知有什麼不同？讀完本文後，對你目前工作有什麼新的認知嗎？

29

體悟意義與價值，而不斷積極追求，叫熱情

西方管理學，經常會提醒人做事要有「熱情」。

我想大家都知道「熱情」是什麼意思，也知道是什麼樣子、什麼感覺，在不需解說下，也都能認同「熱情」的重要！但是問題就出在，不知道如何激發出熱情。

西式環境下的教育體系或企業，特別容易「看到」很多「很有熱情」的人。這些人往往在某些場合或情境下，展現出一種節奏明快、語調高昂、積極任事的姿態；但是情境一轉換，則立刻恢復到「一般」或是「私底下」的模樣，讓人感覺判若兩人。這就是典型的西式「由外而內」的熱情。

「由外而內」的熱情不是發自內心，而是徒具熱情的樣貌。因此，當有人積極希望自己擁有熱情、培養熱情，往往就先「學樣」（或叫做「裝樣」），也確實能學得很快很像；但由於不知道如何達到真正「熱情」，就會一直停留在「裝樣」的階段。

也有些主管或專業講師，因為其職責在鼓舞士氣、提振熱情，當身處群眾面前，就會用感性聳動的語詞，高昂激動的聲調，營造出令人血脈賁張、情緒沸騰的氛圍；當下或許能鼓動人心，但激情過後亢奮消退，多數人就回到原點。也有少數「跟著感覺走」的盲從者，其「盲目熱情」或許會持續一段時日；但當大夢初醒後，熱情便也像洩了氣的氣球一樣，消失無蹤。

事實上，要建立真心誠意、持續不懈的「熱情」，是必須細膩拆解、深入理解事物，認知並深度體悟它的意義、價值。在強烈認同其意義與價值下，產生一股強烈想要追求的渴望，從而鍥而不捨、甚至廢寢忘食的持續去做，希望達成那個意義、價值，而達到自我理想實現的地步。

所以，「熱情」的源頭是從理解、發掘、感知、體悟事物意義的過程，自然而然醞釀出一股積極、持續不懈追求的內在動力。它不一定會很明顯的形於外；反而，太形於外者，似乎不太像真的。

—導引思考—

1. 根據本文，「由外而內」的熱情和「由內而外」的熱情有什麼不同？
2. 回顧自己成長歷程，曾有過哪些「由外而內」的熱情？又曾有過哪些「由內而外」的熱情？兩者對自己的意義與產生的效益，是否確實有所不同？
3. 觀察周遭公認很有熱情的同事或朋友，你認為他們的熱情是怎麼來的？哪些人是「由外而內」的熱情？哪些是「由內而外」的熱情？其效益與對他人產生的影響，是否確有不同？
4. 從本文的角度重新解讀「熱情」的源頭，對於目前自己在工作的狀態，是否有重新的體悟？

5. 身為帶領一個團隊的主管（或 Project Leader），如果你正對團隊成員缺乏熱情感到憂心，讀完本文是否對於如何激發熱情，產生了新的體悟？

30

「資深」，是資產，還是包袱？

資深人員長期在公司任職，對公司的了解較多，加以職務經驗豐富，與公司相關人員培養較深的工作默契，所以工作的品質效率相對資淺人員更具優勢。

因此，資深人員向來是公司積極想要留住的員工，「資深服務獎」就是公司鼓勵及感謝資深員工的制度。

而資深員工的比例，也是衡量企業的指標之一，可稱之為「組織的厚度」。

資深員工具備這麼好的條件，理應在工作上會得出更好的績效，比起資淺員工有更好的條件與機會升職，得以擔當更重要的工作。不過，我們可以看到實際上並不盡然如此！

我們看到有些資深人員進入公司，學會職掌的工作內容後，就不再學習，企求以此技能就能做一輩子，連最基本的「與時俱進」（跟著公司一起成長）都相當勉強。

有些則是自以為對公司很了解、人脈廣闊而倚老賣老，空有資深卻沒有轉換成能力，未能反映在績效上而展現「資深應有的表現」；反而還要求公司、同仁應給資深人員特殊的對待，其實其能力相較於進公司一、二年的同仁，相差無幾。

還有一些資深人員，初期確實相當努力而被升職，但達到相當程度後就志得意滿，自認能力已相當不錯；而且職位愈高，愈覺得自己不用再學習、再改變，認為要學習改變的是其他人，甚至認為制度規範是其他人要遵守的，自己就是例外，只因為自己資深又位高權重。

資深之所以是公司的資產，是因為當資深的條件確實反映於能力與績效較優時，公司自然會依能力與績效的良好表現給予相對應的獎酬，並不是因為資深的身分，而給予資深人員特殊的獎酬。

這是非常重要的觀念，主管與個人都應該有正確的認知。
當然，如果資深反而變成公司的包袱，是非常糟糕的事。

—導引思考—

1. 你周遭的主管或資深同事，哪些人是成長速度高於公司平均的人？哪些屬於能夠「與時俱進」（成長速度與公司亦步亦趨）？哪些又只是倚老賣老、成長速度落後公司？他們在思維與決斷事情的模式與行為中，有什麼特殊之處？你可以從他們身上學到哪些方法和態度？
2. 承上，這三種不同類型的員工，你觀察到他們在公司各有什麼樣的發展？對部門或公司造成什麼樣的影響？
3. 你在目前的公司屬於資深人員嗎？自己是否也同樣落入熟悉職掌後就不再學習，滿足於現階段？該如何避免讓自己成為公司的包袱、不求進步的資深員工？

4. 若你是一家企業的領導者，要如何促使資深同仁發揮優勢提升效率，跟著公司一起與時俱進呢？

31 有經歷，不等於有經驗

當我們看到有些人經歷豐富，都想當然耳的認為，他的能力必然也不錯。

我們也會看到有些人為了「豐富化」自己的經歷，汲汲營營於「走過」各式各樣的經歷，甚至像拼圖一樣「收集」經歷，以之驕人而自鳴得意。

實際上，很多人「走過」很多經歷，但卻經驗不多。

因為，經歷只是在那個時間區段，你「身在其中」罷了！倘使在彼當下，未能用心觀察周遭的人事物，仔細體會、思考、理解其中的互動與意涵，從而學習體會到新的知識與認知；那麼，你雖身歷其境，卻視而不見聽而不聞，實際上是「船過水無痕」、「衣袖拍拍不留痕跡」。那就是「只有經歷而沒有經驗」，虛擲了光陰，絲毫沒有獲得能力的增長。

尤其，體驗需投注心力與時間，才能吸收內化、融會貫通；時間不夠長，是無法形成經驗的。因此我們也會看到那些急功近利、認知膚淺的人，遊走四方，短暫經歷多種不同的企業、領域、功能，自以為打造了一張洋洋灑灑、豐富多彩的履歷，但是能力依然原地踏步。這就是陷入「有經歷就等於有經驗，就代表有能力」這種簡單化思考的迷思。

所以，每個人都要特別注意去自我提醒，自己投入每段經歷，是否都有獲得體會、學得經驗，切莫浪費時間虛度時日。而真正用心的人，更因為比別人投注更多的心力去深刻體驗、用心整理，因而更能在相同的時間經歷中，獲得比別人更多的經驗。這就是人才的差異。

當然，身為用人的主管，更要仔細去判讀，部屬的「經歷」是否真正累積了「經驗」，以及經驗的多寡與深度，才能分辨人才、善用人才。不要淪為誤認「有經歷就等於有經驗」的昏庸主管。

—導引思考—

1. 經歷和經驗不同之處為何？和能力又有何不一樣？
2. 檢視一下自己是否為了有張「漂亮履歷」而「走過」許多經歷？在過程中是否有足夠的經驗和體驗？
3. 觀察身邊的同事或同儕，是否有只有經歷卻沒有累積成經驗的案例？換作是自己要如何將經歷累積成經驗？
4. 身為主管的你，要如何能了解部屬是否有真正累積經驗？要如何引導部屬對於經歷有更深的體悟？

32

與時俱進，否則就有被淘汰的風險

每個人進入職場之初，都因不會做、不熟悉而會努力學習。逐漸學會、熟悉以後，有些人以為這樣便能應付工作，學習意識減弱，心態變得安逸，無視內外環境變化使得工作內涵早已不同，而未積極去分辨差異、調整做法；而是依樣畫葫蘆、行屍走肉般、不動腦筋的用老方法去做。

這種人有的是因為個性追求安逸，不知不覺陷入這樣的情境。有的是本身存在負面思維，認為工作就是應付了事，多做沒好處，能輕鬆、偷懶就是賺到了，內心還竊笑別人很笨。

世界在改變，社會在進步；而企業為了競爭與發展，更會積極提升，企求以超前世界、社會的變化。倘使提升速度只是持平於世界與社會，甚至較慢，很快就會被淘汰。而且，變化是漸進、不易感知的，若是累積到足夠大的變化才去因應，往往已失競爭先機。因此經營者必須具備敏銳的觀察洞悉力，才能預知改變、及時建立新的能耐，以面對競爭；否則就會時不我與，想要改變也來不及。

個人也是相同！若不亦步亦趨的跟隨企業的改變而改變，一開始尚不感覺有何差異，一段時日後，你會感覺做事愈來愈不順手，經常沒能把事做對，主管對你的關注愈來愈多，甚至給出嚴重的警告！到這種地步，你已嚴重的落後與脫節。假使你還不自覺，一味怪罪他人不配合、主管有成見，那註定沒有改善的可能，你將無法勝任工作。

或許你會選擇離開公司，用依然能找到工作來反證問題不在你；但假以時日，若非上述情境重演，就是該企業也因為無法與時俱進，經營不善甚至被市場淘汰。

所以，個人只要不與時俱進，就會漸漸落後；落後差距大到企業不能忍受，就會被公司淘汰；倘使依然故我，再換工作也只能在條件更差的企業，才有容身之地。一而再，再而三，很多人可能不到五十歲就再也找不到工作了。這就是全世界共同面臨「結構性失業」的原因之一。

—導引思考—

1. 觀察周遭同仁或主管，是否有被你認為是「食古不化」的人，他們的思維或做事方式出了什麼問題，導致與周遭環境格格不入？是否有自覺與環境嚴重落後，而想要力圖振作？還是一味的抱怨他人或怪罪環境？
2. 企業為了提升競爭力，跟上世界的腳步，也需不斷做出改變，你是否有觀察到企業做了哪些改變？這些改變造成了什麼樣的影響？
3. 從個人必須亦步亦趨的跟隨企業的改變而改變，甚至跟上世界改變的趨勢，才不會被淘汰。回顧自己剛進職場到現在，環境或所處企業有了哪些改變？自己又做了哪些改變以跟上腳步？能否舉出自己與時俱進的經驗和心得？此一經驗，有無讓你改變行為或養成新習慣？

33 改變，是一種經驗，是一種能力

改變，是一種不舒服，甚而是一種痛苦。

通常尋求改變的原因，一是為了自我提升與超越；一是不改變將無法突破，終將面臨停滯甚至被淘汰。所以，改變的理由與效益，在理性層面上是很容易理解的。

然而，改變必須拋棄既有的、非常習慣、十分順手的做法或習性，重新接受新的做法，從頭學習與適應起。尤其學習需要耗費精力，一開始會相當不習慣與不舒服，甚至初期的品質效率必然不佳，令人心生氣餒，甚至自我懷疑改變的必要性。因此，人在感覺層面上是排拒改變的。

多數人便是因為心理層面的企求安逸、疏於自律、企圖心與危機感不足等因素，陷入「明知而不行」。他們會自我說服「改變是沒有必要的」，甚至積極尋找一些似是而非的反面理由，自我洗腦「改變是不對的」，而能心安理得的去對抗不改變的壓力。

其實改變是有方法、有技巧的；當用對方法與技巧，不順手、不舒服的轉換期就縮短，調整改變的速度便會加快。首先，就是認知的調整，先從認知上比較「前後的差異」及「差異的核心樞紐」；當人能從心理上認知差異的所在，並集中心力在調整核心樞紐；樞紐一鬆動，其他就容易變，改變就成功一半了。

其次，人在改變的過程中會用到許多方法與技巧，也逐漸在改變過程中調整心理認知與生理習慣。當人經常在做小改變，就會「習慣」改變過程的種種心理與生理調整，使得「經常的小改變」成為新的習慣。如此一來，不但做到與時俱進，並且因為練就經常在思考世界、產業、企業內……的些微改變，而能提前準備、提前改變，而永遠領先對手一步。

世界一直默默在變。所謂「趨勢」，就是從一點點的小變動中，察覺出與過往的「差異傾向」；洞悉趨勢與時俱進，就是以「小碎步」的改變，亦步亦趨的跟上世界變動的腳步，切莫累積到很大的落差，那時改變既艱難又痛苦。就像體態的維持要用「塑身法」、隨時修正身材；而不是太胖了才用劇烈的「減肥法」，不僅非常辛苦，而且是積重難返、事倍功半！

所以，改變不僅是一種經驗，一種習慣，更是一種超效的能力，讓你永遠領先對手一步；同時，這就是在培養洞悉趨勢而具備遠見的能力，這也是領導者必備的核心能力。

你一輩子要面對非常非常多的改變，趕快培養改變的經驗與習慣，你的人生就愈變愈彩色；否則，你的人生會愈來愈灰暗。改變沒有那麼難！勇敢的面對改變，體驗改變！

—導引思考—

1. 你曾有過痛苦的改變經驗嗎？為什麼痛苦？
2. 本文提到改變分為認知的調整以及逐漸調整心理認知和生理習慣。請舉一個最近在嘗試改變的例子，試著用上述的方法，找出改變的關鍵點。
3. 從你自身的案例，你是否認同「改變，是一種經驗，是一種能力」？自己是否已擁有此一能力？
4. 世界愈變愈快，必須要培養改變的經驗與習慣。你的培養方法為何？

34

閱讀，在預知過往未曾經歷的事物與知識

透過學習自我提升，是每個高自我期許者都積極想做的事。有的人積極的學、努力的做，但卻用錯方法以致效果不彰，做了等於白做。閱讀，是最重要的學習方法。

文字化的論述與解說，能最完整、最透徹的表達事物的意涵。同時對閱讀的人而言，可依個人理解程度控制閱讀速度，並且可隨時跳回前面段落來回比對、強化理解。所以，真正有深入鑽研知識經驗的人都知道，「閱讀文字」優於「語音聽講」，是最好的學習方式，也是知識能「內化」的關鍵。

對於陌生、或未曾經歷過的事物，才更要特意閱讀、用心閱讀。我們閱讀自己不懂的內容，就是希望增長知識，而且愈是不懂就愈要多花時間、用力思考；當你一再推敲、不斷思考、直到真正搞懂，新的知識才會真正「寫入」到腦細胞，擴大或重整你的大腦知識庫（知識範疇），這就是閱讀的目的。

所以，閱讀是為了「預知」——預知你過往生活工作中從未經歷過的事物與知識。

所謂「第一等人」，就是運用閱讀這種低代價的方式，獲取過去未曾有過的經驗與知識；有朝一日碰觸類似事物時，他便因為有所準備而能應對自如，省掉試誤（Try error）會產生的高代價。

但是，大部分人看到不懂或未曾經歷過的事物，習慣性略過不予理會；即便有讀也只是「略覽」，只是把它「瀏覽式的讀過」就交差了事，所以閱讀的成效很差。因為只讀到皮毛的表面字意，無法深入掌握真諦以致一知半解，等到要用時就把馮京當馬涼，張飛打岳飛，愈搞愈糊塗。假若不改變習慣，那永遠是白讀、無效，永遠是個腦筋不清楚的人。

改變你的閱讀習慣吧！否則你就是「第三等人」，一再付出無效的閱讀時間，也學不會如何有效的閱讀。

—導引思考—

1. 回想一下自己的學習方式，是碰到陌生的內容盡可能去連結思考以深度理解？還是直接跳過只看熟悉的部分？兩種不同的習慣，導致目前的學習效果是否有所不同？
2. 你是否曾有過透過閱讀，而預知了某些未曾經歷過之事物，使得在工作或執行事務時更加容易進入狀況或上手？甚至可預先避開地雷等經驗？
3. 周遭是否有習慣透過閱讀而持續自我提升的人？他們在能力或學習方法上展現哪些與你不同之處？有助於你調整你的學習方法？

第五部

將才認知

職場的學習是什麼？該如何成為主管心目中的「將才」？無論是學校、企業與自己所身處的環境，都供給許多知識經驗、專業訓練與學習方法；但是惟有個人吸收能力、用心程度，才是形成不同的知識含量與經驗積累的關鍵。過去的努力程度，決定了現在的能力水平；今天努力的程度，也將決定明天的能力層級。

35

人才永遠不夠！只是你是不是人才？

有些人經常會抱怨自己懷才不遇，認為公司不給發展機會！因而衍生出離職、轉換環境的想法，或持續心懷不滿的一面工作一面抱怨。

這種情境論點的基礎在「才」，要先評定「才」的水平，再看現況是否「適才適所」。只有「才大於所」，才會有大材小用、懷才不遇的情況。

在市場競爭激烈的前提下，企業必須要有更多更好的人才，來提升企業的競爭力。所以企業搶人才、爭人才不僅是不遺餘力，還要投注資源於內部培訓，期能加速人才培養速度。但是，人才的培養仍然趕不及企業的需求，這是不爭的事實。所以，企業哪有放著人才不用、讓他閒置的道理？

企業的層層主管，或許有判斷力不足而錯認人才的問題；但是，個人自身是否有深度去理解人才要素，細緻檢驗自己的能耐水平，以及努力去實踐產生績效成果，讓主管從歷次的成果更加注意你、了解你？當你展現實力，績效長居前茅，「大才」哪有被埋沒的可能？

尤其在有規模、有制度的公司，透過完善的人力資源功能考核機制，不只是直屬主管要關注你，主管的主管也要關注你，甚至潛力人才必然被人資單位列為加重培養的關注對象。多重機制下，真正的人才是有無限大的空間的！

因此，在自認「懷才不遇」之前，先虛懷的自我檢驗，自己是否是人才？否則錯誤的自我認知，改變不了你的「人才水平」的事實。花時間與精力去轉換工作、熟悉新工作，不但延遲能力的提升，也不見得能解決你所謂的「懷才不遇」的困境。

—導引思考—

1. 你曾抱怨自己懷才不遇，認為公司不給發展機會，因而出現離職、轉換環境的想法嗎？你覺得自己是人才嗎？為什麼？

2. 試著觀察主管為何給予其他同事機會，而不是自己。

3. 如何培養自己成為所謂的人才？

36 幹部，是浮出來的

每個人從出生開始，浸淫在不同家庭環境，經過各種求學歷程的洗禮，加上對周遭事物、現象的觀察吸收，以及自身的閱讀學習……點點滴滴、日積月累，便在積累他對事物的認知、價值觀、知識與經驗。同樣的，當他投入職場，進入不同的產業與企業組織後，也會點滴從工作過程或公司培訓中，體會到深淺不一的經驗歷練。

成長歷程中，父母、老師、企業以及你所身處的環境，都在供給你知識經驗，提供你專業訓練，教導你學習方法；但是，卻都無法強逼你接受、迫使你改變，惟有個人吸收能力、用心程度，才是形成不同的知識含量與經驗積累的關鍵。這也是為什麼長時間下來，每個人背後所形塑的認知與價值觀、累積的知識經驗、學習與做事方法，有如此顯著差異的緣故。

思考建立認知；

認知改變態度；

態度主導行為；

行為產生結果；

結果改變認知……

就是這樣的「思考的因果循環」，漸漸將人的層次區別出來；更隨著時間推移，持續強化，最終可能產生天壤之別的職涯成就。

公司的角色，必然是盡最大的能耐，啟發員工的觀念，培訓各項專業知識，教導同仁做事方法。而同仁本身過去長期積累的基礎愈好，在公司顯露愈強烈的學習意願，努力程度愈高，得出的能力層級就愈好，便能「浮出」成為潛力的幹部。

也就是說，好的人才、好的幹部，是在一群人中自然而然的「浮現」出來，並不是主管賦予他特別的關愛，而被刻意「拉拔」上來的。

所以，是否能成為幹部，不是取決於主管，而完全決定於你自己。

過去你的努力程度，決定了你現在的能力水平；今天你努力的程度，也將決定你明天的能力層級。

—導引思考—

1. 思考的因果循環：「思考建立認知；認知改變態度；態度主導行為；行為產生結果；結果改變認知……」能否用一個自身的案例，來說明你對以上這句話的理解？

2. 你是否認同「幹部，是浮出來的」？觀察周遭的同事，受到主管青睞的人，是否如文章中所說的現象，是從一群人中自然而然「浮現」出來的？

3. 你認為自己若想要被看見，自己該做哪些準備和努力？

37

只有「潛在機會」，沒有「現成機會」

幾十年來，都會一再的聽到各世代在說：「我們沒有機會，都被上一代占光了！」一副「努力也沒用，因為沒有機會」的姿態。

這是個有趣的「抱怨」，而且是源源不絕，拿來自我推卸責任的好藉口。

大家想想：「機會」人人想要，怎麼可能擺在那裡，等著你姍姍來遲的隨手取得。所以，不會有「現成機會」等著你的！你看到、聽到、想到的機會，早就很多人在做了；即便你要去做，也會自認太晚、太多人、自己不會成功，所以也不會是你的機會。

再仔細想想：為何機會都在別人手上，而不是在你手上？

簡單的說，就是「早鳥效應」。當機會尚未成熟，還是個「可能的機會」時，呈現的是「有機會也有風險」；也就是必須要克服很多困難、投注很多人力資金、而且即便如此還未必會成功（風險）。這種

「可能的機會」很多人都看得到，但大部分的人不認為會成功或是風險很大，所以就不被認為是機會；而現在我們的周遭，就處處存在這種「不是機會的機會」。

但是，就是有人會看出這是「潛在機會」，而投入心力、時間、資金，經過幾年的刻苦經營，突破多重的困難，並且在不斷鑽研、試誤與修正中，掌握了成事關鍵，而成功開拓出新業務、新事業。

而為什麼別人能！而你不能？關鍵就在於你是否有拆解事物的習慣，深入去了解關鍵成事因素的習慣；並且須長期累積豐富的經驗，來協助判斷它是否是「潛在機會」。所以，愈是有精細思考、深度理解習慣的人，再加上累積的經驗，愈能看出潛在機會，也是那能早人一步掌握到機會的人。

所以，不要喊「沒有機會」！時空環境不斷在變，處處是新機會。

但是都是在尚不成熟時，就被有「洞悉力」的人看到而拿走了！

努力培養自己習慣性去拆解事物，習慣性去結構化的理解事物；先培養出你的「洞悉力」，你就會發現處處是「潛在機會」。如此一來，你就是那能掌握機會、開創新局的大將之才。

—導引思考—

1. 從一些成功者的案例去往回想，你曾經遇到「不是機會的機會」，但卻讓別人做到了？
2. 我們常常羨慕別人有好的機會，仔細回想身邊你曾羨慕的人，他們為什麼會有好的機會呢？
3. 潛心鑽研現有的工作而能提出好的見解，促使工作效益能夠更高，就是在培養洞悉力與發掘潛在機會，仔細思考自己在現在的工作中，有什麼潛在機會？要怎麼進一步去把握呢？
4. 閱讀本文後，對於「機會」的定義，是否有了新的思考？

38
沒有紀律，就沒有積極度

人才＝（能力）×（人格特質）×（積極度）

「積極度」非常重要！沒有積極度，就是有再好的能力、人格特質都是枉然；但是能力本身沒有價值，是能力去運用與執行出來的結果，才是能力的價值。而沒有積極度就是不去執行，結果是「0」，價值就是「0」，那就什麼都不是！這是人人易懂的道理。

「積極度」，還分為「主動積極」與「被動積極」兩個層次。

「被動積極」是指在別人設定的目標下，會積極主動去做去完成，也就是所謂「使命必達」型的人。但是當目標達到後他就停止，並不會想要去超越目標；甚至當別人沒有給目標時，他就癡癡等待別人給目標才會啟動。這種積極是種依賴主管被動執行的習慣與心態。所以，主管就要密切關注，這是要一再給目標才會往前做事的人；其實這是「假積極」，主管要能明辨，才不會誤判。

反觀「主動積極」的人，是從認知上去理解事物的價值，而自動自發要去追求與達成這個價值。這就是馬斯洛的人性需求理論中，最高層級的「自我實現」需求，是一種會自我挑戰更高標、自我考驗、主動自主的行為特質。他不以達到別人給予的目標為滿足，因此他會盡其所能、想盡方法、鍥而不捨的達到最極致的境界。所以，是主管真正的好幫手，也是「真積極」的人。

但是，有很多人不是怠惰懶散不積極，就是說了一口「好積極」！為什麼有很多人明明知道「該積極、要積極」卻是光說不行呢？其主要罩門就是「自律性不足」！

我們知道，當一個人了解事物的價值而想要去追求，就必須努力，必須改變習慣，必須面對很多挑戰，必須克服很多困難！但努力、改變習慣、面對困難，都是辛苦、痛苦的，是需要有毅力的自我要求，去面對與克服這些痛苦。

但是人性的好逸惡勞會讓人因而卻步，不願去做，這就是自我要求的「自律性」不足。所以，雖在認知上知道要積極，但無法克制自己好逸惡勞的本性，只留存光說不做的「一口好積極」。即使有時會痛定思痛奮起積極，那也只是曇花一現。

「自律」是一種能力，是在認知對的、好的事情，就會自我要求去改變、去執行。這是一種能要求自己克制好逸惡勞的人性，並能忍受困難與痛苦的毅力，所以就呈現出他是很有紀律、並持之以恆的人。反之，當一個人非常沒有紀律，隨自己的興而我行我素，就是一個自律性差的人。那就不會在職涯上不斷的學習、改變而積極去實踐。

因此，由一個人在各方面的紀律性，就可以看出其內在潛藏的「自律性」。所以，「沒有紀律，就是不會自律，也就沒有積極度」。

—導引思考—

1. 人才＝（能力）×（人格特質）×（積極度），若依照此公式，自己需加強的部分為何？
2. 「積極度」分為「主動積極」與「被動積極」，兩者最大的差別在哪？和「自律性」的關連又是什麼？
3. 觀察組織中哪些人是「主動積極」？哪些是「被動積極」？甚至哪些是「骨子裡不積極但表面積極」？
4. 自身是屬於哪一類的積極？為什麼？回想自己是否有自律性？若不足，該如何改善？
5. 承上，倘使你是主管，你如何有效區分出來真正的「積極度」，而能真正用對人才？若觀察到屬於「被動積極」或「說得一口好積極」的人，要如何輔導呢？

39 能力是從面對問題中淬鍊出來的

問題的出現，必須啟動思考去想出解決的方法，並且實際的去執行，才能達到真正消除問題。這個過程中想出的解決方法、執行中發覺各種現象的變化、因而產生的因應做法等等，都是新的經驗。這就是能力的增長。

有些人面對問題就閃避，或者「便宜行事」應付了事，或者「上有政策下有對策」的敷衍、作假，更有找各種理由怪罪他人、甚至反批政策不佳的行徑。這些人自以為用上述招數便能應付問題，屢試不爽，久而久之便形成慣性。

雖然有時候上述做法能一時蒙混過關，但並不能夠讓問題消失；當問題持續的累積下去，總有一天會被問題壓垮。或者一再的逃避，終究會逃無可逃，而陷入死胡同。而且因為過往只是把時間、精力花在無用的閃躲與應付上，能力無所增長，最後見了棺材，掉淚為時已晚。

天下沒有白吃的午餐。能力是淬鍊出來的，而困難、問題的出現，就是淬鍊能力的機會。因此，機會來了不但不應逃避，而且要好好把握；而人格特質積極正向的人，更會主動去爭取淬鍊的機會。

或許你有所不知，主管有時交付額外或具困難度的工作，就是在給機會試煉，也是認為你可以做到，否則他為什麼不交給其他人？

能力建立了，就在你身上，沒有人可以拿走，而好的能力會讓你受用一輩子！建立能力不是為主管、不是為公司，而是為你自己。不是主管欠你、公司欠你，反而應該感謝主管賦予這個能力淬鍊的機會，你應該珍惜才是！切莫認為主管在欺負、壓榨你！負面思考的人、不想提升的人、想要混日子的人，才會認為主管欺負他、壓榨他。

—導引思考—

1. 回想自己目前擁有的能力，是在什麼樣的機緣下鍛鍊出來的？是否有過在面對困難的工作時淬鍊出的能力？此能力對你往後的工作有怎麼樣的影響？

2. 回想過去工作中遭遇困難、問題出現時，自己處理的方式是什麼？是積極面對處理或是習慣性逃避？帶來什麼樣的結果？

3. 工作中是否遇過做好做完愈多的事情，主管反而交付更多難度更高的任務？從本文的角度思考，你是否會珍惜這樣的機會？

4. 身為主管，本文的觀點對你讀人、識人與拔擢人才的觀念，是否有新的體會？

40 不思考未來，就沒有未來

雖然有些人迷迷糊糊的耗日子，但也有很多人是很努力的投入工作！不過，只是習慣性的、很認真的把「當下」的事情做好，而很少想「未來」！

一個人假如「只想今天」而「不想明天」，從不想「明天」想要成為怎樣的人？想要達到什麼層級？你就不會知道你「今天」要為「明天」做哪些準備，那「明天」才有可能達到你想要的境地。

我曾專文談「人無遠慮，必有近憂」（編按：收錄於《打造將才基因》一書），就是指今天你所面臨的問題，很多是你過去所做的決策的後遺症。因此，人必須要有長遠思考：決策不只考慮今天，更要考慮未來，才不至於在未來造成苦果。

同樣的，一個人「今天」的成就，也是他過去的決策、過去的準備、過去的努力，而造成今天的成就。

假如你會去思考未來，假如你希望未來能成為主管：因為擔任主管可以讓你的能力透過更多的部屬而創造更大的價值，因為擔任主管更能善用你的才能，去達成更大的成就與更大的自我實現。而且因為層層主管率領一群人創造的價值，是數倍、數十倍於個人，所以層層主管的薪酬也是翻倍增加，因此你也可以有倍數收入的增長與財富的累積等等收穫與價值。

因此，「現在的你」除了用心思考如何將當下的工作做好以外，倘使還會多花一點點時間去想：「如何當個主管？」這就會引發你去觀察周遭的主管、不同層級的主管「如何在做主管？」或是啟動你主動去收集、閱讀有關如何當好主管的相關文章等。

在這種關注下，自然而然周遭主管管理部門的實務與相關資訊，就會在點滴之間吸收進你的大腦，並在「耳濡目染」下不自覺「內化」，漸漸的在工作表現中，也會隱隱呈現出領導的思維與氣質（相由心生）。這就是我所說的：「幹部，是浮出來的！」爾後成為主管是順理成章的事。

有在想未來，就會對未來有所準備，未來的期望自然能達成。只努力而不想未來，就不會去準備，自然就只能停留在原地踏步，只是變資深而已。

積極去構思你的未來，只要挪出五％的時間想未來，在工作中順帶的去做準備，未來的期望就會很快的到來！而不要不知不覺中蹉跎時間，而變成萬年科員。

—導引思考—

1. 你是否經常不滿意「現在的自己」？本文說到「一個人『今天』的成就，也是他過去的決策、過去的準備、過去的努力，而造成今天的成就」，如果不滿意今天的自己，是否就是過去的自己從不思考未來？
2. 你是否曾有過中長期目標並為此做準備？有訂定目標與完全只想當下是否確實有所不同？讀完本文後，你對於「不思考未來就沒有未來」是否有新的體會？
3. 想想五年後、十年後你想成為什麼樣的人？達到什麼樣的目標？從現在開始該做些什麼準備？

41「功高震主」與「恃寵而驕」

我們都很熟悉「功高震主」與「恃寵而驕」這兩個成語。

在職場上，經常有部屬憤憤不平地用「功高震主」，來解讀主管對他不公平對待的原因；也常有主管或同事心存不悅地用「恃寵而驕」，來評論某人的一些不當行為。這種各說各話從來就沒有交集，也很少直接溝通。

任何人因努力而有成就，對組織有貢獻，本來就是值得驕傲的事，也是值得贏取主管與同事肯定的事。所以，「功高」必然會有來自自我的肯定（自寵），以及主管同事的肯定（他寵）。

但由於人性使然，驕傲如不適度節制，往往會過度放大，而不知不覺中形成自我膨脹，甚至藐視別人；無形中，在與同事、主管共事溝通的行為或言詞中展露出來，不自覺地造成他人的不悅。當這種狀況持續相當時間、強度持續增大時，就會招致他人的反制。這也是很自然的行為反應。

因此，總結整個的形成源頭，就是「功高」。「功高」而「自寵／受寵」，而後有意識無意識的「恃寵」「而驕」，以致「震主／震他人」，造成主管／同事的反制，也造成組織中人與人之間的摩擦。

其中，無形中配合度的下降，更是會折損個人工作的績效。所以，因「功高」貢獻組織，卻又造成組織、個人的負面效果，實在不得不注意。

當然，我們也會看到有些人「功」實在不怎樣，卻很容易自我膨脹，自我感覺良好！這類人主管當然不會「寵」他，同事也不會「寵」他，但他卻自我驕縱，而成為部門潛在問題人物。這都是「認知差距」的問題！當一個人無法開放心胸地去與其他人做適切的比較，建立相對客觀的評斷標準，他永遠都會處於被不公平對待的怨懟心態下工作，這種「叫不醒的人」是早晚會離開的。

因此，一個人的「自制力」、「自律性」與「認知」很重要。要特別注意如何在「功高」後，適度的驕傲、欣然的受寵，有自律的「驕而不縱」，才能贏得最完美的果實。

這類人的行為，主管有時會基於諸如「有容乃大」之類的箴言或管理哲理，而憚於提醒；然而，主管或許可以忍受部屬的「驕縱」，卻無法要求其他同仁一起接受或容忍。

所以，顧及團隊的合作戰力，主管應該要思考有些作為。而管理的難度與巧妙，就在這些微的拿捏之間。

然而，在實務上，要「提醒」與有所作為，也真有其難度！因為「驕傲」是很難衡量與認定的，這也是很多主管猶豫不決的主因。

我個人的管理做法，是在平時就將組織常會出現的組織行為，個別做完整的論述，寫成文章平日發送同仁參考。在同仁尚未產生這種現象時，已先了解這論述的道理；建立認知，形成組織共識，就會降低這種現象的出現，也就能減少管理的困擾。

—導引思考—

1. 反省一下，你自己是否曾在不經意時出現「功高震主」或「恃寵而驕」的念頭？
2. 你曾經有過對自己過度自傲的下屬嗎？後來你如何教導他，讓他對能力有正確的認知？
3. 在組織中，是否有任何機制，可以防止同仁因為過度驕縱，做出錯誤的決策？
4. 如何透過管理做法，預先防範或消弭這種現象於無形？

42 是授權，不是分權

企業組織的設計本質，就是精英主導。董事會聘請專業精英（執行長）主導經營，授與權力，並責成其全權負起責任，達成企業設定之目標。所以，整個企業的權力的源頭來自董事會，並只授與執行長擁有權力。

執行長基於「水平功能分工、垂直難度分工」等組織架構原則，建構出企業的營運管理組織，並且基於各個職位的職責承擔及目標達成的需要，將自己的權力往下授權。然後，層層主管也依需要向下授權，形成一套縝密的組織運作執行機制。

所以，企業組織的權力原理，是「授權」，而不是「分權」。

亦即，各主管的權力是被「授與」的，隨時會依需要增加授與，也會因不需要而減少授與，或者是因權力使用不當而被「收權」。

有些主管認知不清，以為權力是分配的。尤其是「嗜權性格」的主管，以為分配在他的手上就都是他的，大力的去使用這個權力，無形中自我膨脹，利用權力與他人抗衡；只要其他部門未順其意，他就在權力所及範圍內濫權或制肘，形成恃「權」而驕、縱「權」官僚的現象。這是形成部門間無法理性溝通、協調討論出最佳解決方案的元兇。

甚至更離譜的，還會拿這權力去與主管對抗。他無形中自認為擁有「權力」，甚至是擁有無限的權力；只要上級單位的要求、政策不符合他的認知、他不贊同，就理直氣壯、甚至明目張膽的抗拒執行。並語帶威脅的暗示上級單位，一切後果自行負責……。

有這種心態與行為的人，實是誤把「授權」當「分權」。他不明白他的權力是主管「暫借」給他使用，任何時點都可能被瞬間收回；倘若還拿這權去對抗「暫借」他權力也可隨時收回的人，實在過於天真。

大家必須認知，真實授與的權力，是用於往下執行職務使用的；倘使反倒被誤用于「向上抗衡」，這不只是認知錯誤的問題，更是人格特質、價值觀與格局的問題。

同樣的，對於這種行為，一般主管都會隱忍而不當面指正，以求和諧及避免尷尬；所以個人應自我省思、自我節制，不要逼得主管非得直說不可。

人貴在自知、自覺、自律。

—導引思考—

1. 你能夠清晰說出「授權」跟「分權」有何不同嗎？
2. 本文指出，企業組織的權力原理，是授權而不是分權，為什麼？
3. 在組織中，你是否見過有人「恃權而驕」？後來組織如何透過制度解決？

43 審核權與核決權

在組織運作中，為了善用資源，及提高判斷各種事務執行與否的品質，就會規定哪些項目在執行前，必需經由主管的判斷後才決定是否執行。而重要的事項，更是要簽報到高階主管來審批核可。

因此，一個事項最後核定者，就是擁有「核決權」，而中間的層層主管雖沒有最終核定的權力，但是擁有「審核權」。也就是說，他必須深度了解來做判斷，若屬不應該、不合理，就擁有「否決權」；如果判斷是應該、合理的，但因不具「核決權」，所以必須再往上呈報，層層如此。到最後由具有「核決權」者，來做最後拍板決定。

在審核過程中，有些事項因經驗關係很難決定，就必須親自找上級主管討論商量，這也是從主管學習判斷的機會；而不是不表達意見直接往上送，這是一種很沒有禮貌的表現。當然，即使本身擁有某事項的「核決權」，但當事關重大時也應找上層討論，尋求主管的意見，才是周延與最佳的決策模式。

在這種制度下，「審核權」雖沒有最終決定權，但是具有「否決權」。不過我們經常會看到一些「不負責任的主管」要當濫好人，明知不合理不對的事情，仍閉著眼睛簽核，「推」給上層主管來否決。更嚴重者會看到層層主管都不盡責的予以否決，而推由具有核決權的上層主管來否決；然後對下表達「我是同意的，但上面不同意」。這種人不願承擔該要有的職責，自己當好人，由主管去當壞人；假如你是主管，面對這樣的下層主管，你會有甚麼感想？

可想而知，當這種主管擁有「核決權」時，也會是「通通都可以」。那我們還需要設立簽核制度嗎？像這種只想當濫好人，而不願面對問題、不願承擔責任的主管，那要他何用？

主管在做，層層主管在看，很多部屬也在看。像這種喜歡閃躲事情、規避責任的主管，在每次的簽核中是很容易看出來的，只有他自己以為別人都不知道、不會發掘。自己笨！以為主管跟他一樣笨。主管看在心裡，不是不報，只是時候未到！這樣一個不勝任的主管，收權、撤換是遲早的事。

—導引思考—

1. 你能分別「審核權」和「核決權」的不同嗎？你擁有哪些事務的「審核權」、哪些事務的「核決權」？
2. 你曾經碰過下屬不發表意見就往上送到你這邊，要你來負責審核或核決的經驗嗎？這時候，你會如何和他溝通，讓他知道自己該扮演的角色？
3. 反過來說，你自己在向上呈報時，是否會充分表達建議，協助主管核決時做出最好的判斷？

44 體認功能單位的「專業支持」與「專業制衡」

「功能專業」是相對的！

組織的功能分工，在於專注研究功能的專業知識，建立相對專業的功能制度，以提升公司的專業化。「專業化」，一般含有「精準度高、周延度高、品質好、低風險、高效率……」等意涵；所以，功能單位就是運用這專業的功能知識，來培訓運用單位，用功能制度來協助運用單位提升營運績效。這就是「專業支持」！

專業功能制度，基本的型式是，在某一範圍是相對的「精準度高、周延度高、品質好、低風險、高效率」；超出這範圍，就落入相對不可接受的「高風險區」。因此，運用單位超出此範圍，功能單位就「有責任」也「有權力」去制止、去否決，這就是「專業制衡」。

從前述中，大家可清楚理解，功能單位是「協助、支持、制衡」的角色。舉例說，運用單位如財會單位，對於人資事務的處理，就必須運用人資功能單位所培訓的知識，並遵循人資的制度來運作，如「讀人識人」、「職等薪等」、「升等考核」…等等，來提高「選、用、育、留」的效益及成功率。但是，如果超出這些規範，人資單位就會發揮制衡機制，予以否決。

反過來，人資單位也不能要求運用單位，一定要進用某人。因為主要的人事權責在於運用單位主管，用人最終的成敗也是由運用單位主管承擔，人資單位只是提供相對專業的人資制度，來協助提高運用單位的「用人成功率」。當然，成效也會因運用單位主管學習運用的能力，而有很大的差別。

相同的，帳管單位會否決業務單位的放帳申請，但不會要求業務單位一定要放帳給某一客戶。「放帳風險」是業務單位的職責，是業務承接訂單需考量的一環！而帳管單位是提供放帳風險的知識、經驗及防範機制，所以，帳管單位是在協助降低「倒帳機率」，而不是保證一定不會倒帳。

有些不成熟的業務人員，把經過帳管單位核准的放帳，就以為不會倒帳；或是認為只要是帳管單位同意的放帳，那麼倒帳就是帳管的責任。甚至在發生倒帳時以「這是帳管核准的！」當口頭禪，來推卸責任。這些都是對功能單位不正確的認知盲點。

因此，身為運用單位，應好好體認功能單位的「專業支持」與「專業制衡」的角色特質，深入理解功能知識，活用功能制度。不但提升自己的知識能力，也才能善用專業功能來提升自身的績效。

—導引思考—

1. 什麼叫「功能單位」？功能單位的職責是什麼？
2. 本文指出，功能單位應該要扮演「專業支持」、「專業制衡」的角色，在你所服務的部門中，目前存在這樣的運作嗎？如果沒有，該如何改善？
3. 如果你所在的單位是運用單位，平常有沒有任何機制，協助你更深刻地了解功能單位的專業？

45 贏的團隊，就是傾巢而出

我們看球隊比賽的經驗都可以了解，守勢的球隊只能求不失分，而沒有辦法得分致勝。

反之，積極求勝的團隊，必然是傾巢而出，全員都積極往前進攻：前鋒逼進對手球門，中鋒超越半場，後衛前進到中場。這種全員都保有「進攻意識」的球隊，才是真正有戰力的球隊。

聯強的企業組織也是一樣！營銷單位是前鋒，必然須積極進攻市場。而產規單位是中鋒，除了是控球中樞，指揮傳遞球的進攻方向，同時也隨時準備補位助攻。後勤的運籌、帳管、財會與人資行政，則須積極往前理解市場需求與環境變化，以靈活支持營銷與產規單位的市場爭戰。

也就是說，當中鋒與後衛都有積極的進攻與助攻意識時，便能提供更完整的支持，促使營銷人員更能無後顧之憂，專注於前線的業務開拓、深度投入市場策劃與通路精耕、督促與管理營銷人員，使最終能贏得業績。這樣全員都有攻佔市場、贏得營收的強烈意識，就是必然會贏的團隊。

營銷單位對客戶的掌握、產品的了解、策略的熟知，是責無旁貸的；也因為熟悉客戶、貼近市場環境，而能靈活積極的開創新市場。但是，遵守公司的專業經營的規範，更是絕對必要的守則，不能誤用或假借「產規、後勤須全力支持營銷單位」的精神，逃避遵守應有之規範，或推卸自己的責任。

亦即，營銷單位不能依恃著其他單位的全力支持，不自覺陷入「產規單位必須提供不費力就可以賣出去的產品與價格」、「後勤單位必須不計成本、不計風險的去支持客戶的要求」的迷思。假如沒有困難就能銷售的產品，那還有業務人員存在的必要嗎？

當然，我們也不能容忍後勤人員，躲在後面安逸怠惰與推卸責任。

所以，專業分工，協同一致，傾巢而出的戰鬥意志，就是卓越企業的特徵。而這就是聯強的企業精神！

—導引思考—

1. 為什麼全員都要保有進攻意識，不分前線與後勤？
2. 如何讓後勤單位也能對市場需求與環境變化有敏銳的感知，才能靈活支援前線？
3. 如果你的團隊目前還不是「傾巢而出」，你能不能找出問題在哪裡，利用制度改變大家的行為？

觀念的力度：打造將才基因系列：破除工作的盲點，
釐清困惑，從思維植入優秀的基因 / 杜書伍著 . --
第一版 . -- 臺北市：天下雜誌 , 2022.08
面 ； 公分 . --（天下財經；470）

ISBN 978-986-398-795-6（平裝）

1.CST: 職場成功法

494.35 111010827

天下財經 470

觀念的力度

打造將才基因系列：
破除工作的盲點，釐清困惑，從思維植入優秀的基因

作　　者／杜書伍
責任編輯／白詩瑜
封面設計／張士勇
封面攝影／陳敏佳
內頁排版／中原造像股份有限公司

天下雜誌群創辦人／殷允芃
天下雜誌董事長／吳迎春
出版部總編輯／吳韻儀
出 版 者／天下雜誌股份有限公司
地　　址／台北市 104 南京東路二段 139 號 11 樓
讀者服務／（02）2662-0332　傳真／（02）2662-6048
天下雜誌 GROUP 網址／ http://www.cw.com.tw
劃撥帳號／ 01895001 天下雜誌股份有限公司
法律顧問／台英國際商務法律事務所・羅明通律師
製版印刷／中原造像股份有限公司
總 經 銷／大和圖書有限公司　電話／（02）8990-2588
出版日期／ 2016 年 5 月 3 日第一版第一次印行
　　　　　2022 年 8 月 4 日第二版第一次印行
定　　價／ 400 元

書號：BCCF0470P
ISBN：978-986-398-795-6（平裝）

直營門市書香花園 地址／台北市建國北路二段 6 巷 11 號 電話／（02）2506-1635
天下網路書店 shop.cwbook.com.tw
天下雜誌出版部落格——我讀網 books.cw.com.tw
天下讀者俱樂部 Facebook www.facebook.com/cwbookclub